施工疑難
全解指南

【暢銷典藏改版】

i室設圈｜漂亮家居編輯部

QA
300

目 錄

chapter

拆除保護工程

chapter
1

關鍵施工
TIPS

1 保護工程的範圍不僅僅是住家空間，只要是搬運材料會經過的地方，例如電梯內部、出入口、大樓地下室通往電梯走道、梯廳等等，都必須仔細做好保護工程。

2 保護工程使用到的養生膠帶，有膠膜、紙質材質可選擇，亦有區分室內、戶外使用以及尺寸上的差異，應針對保護項目與用途挑選。

3 大規模的格局變動拆除，建議可調閱藍曬圖或是委託結構技師確認，避免不小心拆到結構牆，拆除前也要注意排水管、糞管是否有封好，免得碎石或異物掉入。

4 油漆前的保護主要是油漆師傅負責施作，舉凡地板、櫃體、家具和門片、空調等都要保護包覆，另外也要特別注意五金、窗邊的接縫處，是最容易遺漏的區域。

5 地板保護要先鋪一層防潮布，用意在於第二層瓦楞板是塑膠射出成型，如果直接鋪設，瓦楞板的直線紋路很可能轉印在地板上。

拆除、保護工程看似是裝潢施工最簡單的項目，但其實也隱藏不少眉角，針對不拆的地板或是已經完成的櫥櫃，得選擇正確的保護材料才能達到防護效果，而拆除工程進行之前，最重要的口訣就是關水、關電，排水管也都要做好保護，每個環節確實掌握，才能讓後續工程順利進行。

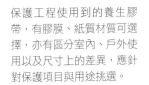

Q001.

保護工程的區域範圍包括哪些？

搬運材料會經過的電梯走道也都要完整給予保護。

監工驗收

凡運送材料經過處都需防護

　　保護工程的範圍包括公共空間及室內空間，特別是公共空間的範圍最容易被忽略，包括電梯、梯間、大門等所有運送材料會經過的地方皆需要妥善防護，像是電梯內外都要一併保護，大門除了門框、還有內側面的門把也都要套上緩衝套。室內空間則是從地面到家具、窗戶、過道、廚具與浴室設備，只要不拆不搬，或是在不同工程進行時也要全部做好防護，降低舊有物件的損傷，並保護已完成的工程項目。

Q002.

選用不同的地板材質，會影響保護工程的順序嗎？

監工驗收

先油漆再鋪木地板，磁磚鋪好才油漆

　　由於工序流程的關係，磁磚鋪設屬於泥作工程，待磁磚鋪好之後必須先保護地板，才能進行油漆工程，但如果是鋪設木地板的話，則是等油漆、噴漆工程完成之後再進場施作，以免地板被污染，並等待鋪設木地板結束，仔細將地板做好保護。

Q003.

不同的區域範圍，應該要用什麼樣的保護材料才是正確的？

監工驗收

地面做好三層防護，設備、窗戶貼覆養生紙

一般梯間或是公共空間的走道、室內地面都可以用防潮布、白板、夾板或是防潮布、瓦楞板、夾板做三層保護，電梯內部壁面有時候是使用角料撐住夾板，但絕大多數則是依照管委會規定。另外像是住家大門的正反兩側同樣也是使用防潮布、夾板，而包括家具、設備、壁面、窗戶等則可以用養生紙做包覆。

油漆工程進行之前，務必將做好的櫃體、地板做好防護包覆。

圖片提供©今硯室內設計

 拆除保護施工要注意

若地面有放置重型機具，建議可使用3分厚的夾板，此外，如果有大理石門檻的話，也得審慎做好保護，避免邊角受損。

Q004.

不想拆除原有地板，又怕裝潢過程中發生破損，應該怎麼做才能避免刮傷或坑洞？

材質選用

防潮布＋瓦楞板＋夾板，確保地板不受損傷

重新整修住宅，很多時候會選擇沿用原本的木地板或是磁磚，這時候一定要先做好地坪的保護工程，通常基本是以三層材料保護，由下而上分別是防潮布、瓦楞板、夾板或是防潮布、白板、夾板，2塊防潮布鋪設時必須交疊，可避免滑動、以及髒污滲入，第二層的瓦楞板、夾板則是具緩衝保護撞擊，最上層的木夾板則是預防尖銳工具掉落砸壞地板，要注意的是，海島型木地板的硬度較弱，可多鋪一層夾板保護。

必懂材質 KNOW HOW

保護材質種類	特性說明
PU 防潮布	保護地坪時鋪設的第一道防護，避免油漆、髒水等液體滲入地板造成吃色，具有防水功能，也可隔絕與重物接觸時留下壓痕痕跡。
白板	保護地坪的第二道防護，也是保護壁面時常用用的材質，具有緩衝、防衝撞功能。
瓦楞板	保護地坪的第二道防護選擇之一，除了具有緩衝撞擊力之外，也具有防潮性能。
夾板	屬於薄的木板，用來加強地坪最上層保護的堅固度，也會用於壁面保護，運用在轉角處，加強防護。

圖片提供©大見室所BigSense Design

原始地板保留務必做好至少三層的保護措施。

Q005.

一旦發現公共空間的保護措施有破損或翹起的情況，有需要請工班換新嗎？

監工驗收

破損即更換，確保建材不受破壞

　　住宅裝修期間的施工保護工程，不僅僅是保護原有空間的材料，一方面也是為了維護施工人員的安全，如果保護工程有任何破損或是翹起的狀況，應隨時進行更換，否則一旦造成原有建材損壞，反而導致後續材料運送的麻煩，也會讓後續工程延宕。

圖片提供©演拓空間室內設計

公共走道上的地坪若不小心損壞切記要立刻更換。

⚠ 拆除保護必懂監工細節

裝修之前應由施工單位向管委會申請張貼告示及繳交保證金，讓鄰居和住戶們知道即將有裝修工程，如果沒有管委會，也應禮貌性張貼告示，自行發包的屋主也要記得自行申請。

Q006.

拆除工程進行之前，有哪些環節絕對不能忽略？

關水、斷電，排水孔予以保護封閉

　　為了避免工程進行中發生漏水、觸電、電線走火等意外，在拆除之前要做好關水、斷電的處理，將消防感應器暫時關閉，另外也要把所有室內排水孔做好保護封閉，包括廚房、衛浴、陽台、馬桶糞管，以免拆除過程當中，磁磚或是泥塊等工程廢料不小心掉落，造成管線阻塞。除此之外，若大門需更換時，在只有一扇大門的情況下，應配合工程安排拆除，如果是兩扇大門，建議可先拆除一扇，並將新大門安裝與拆除時間銜接好，又可以免除裝修期間無門的空窗期。

圖片提供©演拓空間室內設計

拆除前務必把水暫時關閉，避免不小心打破水管。

Q007.

針對不同的拆除區域，有所謂的流程和先後順序嗎？

拆除櫃體的時候要確認是否有跟天花板連結。

Q008.

拆除工程可以一天就完成嗎？

工法須知

由上到下、由木到土

拆除工程和施工的順序剛好是相反的，拆除順序一般來說是由上到下、由內到外、由木到土，因此拆除時，通常都是先從天花板開始，接著才是牆面、地面，不過現場也可以依照情況作彈性調整，另外要注意的是，有些櫃體是與天花板連接，拆除的時候也要格外注意，避免造成塌陷的意外。

監工驗收

分批拆除才能拆得仔細不易出錯

拆除工程通常分成兩種，一次性拆除、分批拆除。一次性拆除最大的好處是節省時間，但要在一天之內完成拆除項目，因為同一時間的施工人員、機器過多，容易造成場面混亂，以及有所遺漏的狀況發生，而且也因為機器共振關係，易產生裂縫，反而危險。分批拆除則是指2～3天的時間進行，可仔細檢視、控管拆除項目，避免後續發生必須二次拆除的情況，一方面也能減少同時產生的巨大施工聲響、噪音，減輕對鄰居的影響。

Q009.

拆除天花板的時候，應該注意哪些細節？

工法須知

先拆燈具、留心管線

　　由於天花板暗藏許多管線，拆除時要特別注意，小心不要破壞到灑水頭或消防感應器，曾經變更過格局的更要特別留意，裡面可能藏有不同用途的線路，安裝在天花板上的燈具要先拆下，再拆天花板。通常會以鐵撬敲破天花板板材，再大力向下扯使天花板整片坍塌，原本固定天花板的角料拆除時，角材釘子也要清除乾淨，不能留在牆壁上。

圖片提供◎大晴室所BigSense Design

拆除天花板的時候務必注意灑水頭。

> ### ！ 拆除保護必懂監工細節
>
> 　　拆除天花板之前先局部破壞灑水頭或消防感應器旁邊的木板，避免不慎勾扯造成漏水，拆除後也可以檢查一下消防保全設施有無被破壞，以及倒吊管有無漏水的狀況。

Q010.

隔間拆除會不會不小心拆到結構牆？怎麼樣可以避免？

監工驗收

根據牆厚或建築結構圖判斷

　　裝修拆除最重要的就是不能破壞樑柱、承重牆和剪力牆，剪力牆可以承擔建築物的水平力、垂直力，也可以在地震初期吸收大部份的能量，通常RC牆超過15公分以上，而且是5號鋼筋就有可能是剪力牆。拆除結構牆則是恐怕造成建物的結構倒塌，一般紅磚牆或是輕隔間厚度大約是10公分左右，如果是以紅磚砌的承重牆為24公分，混凝土結構厚度為20公分或16公分。最安全的判斷方法是直接請結構技師判斷，或是調閱建築結構圖分辨。

圖片提供◎大見室所BigSense Design

拆牆可從建築結構或是委託結構技師判斷較為安全。

 拆除保護必懂監工細節

 進行拆除工程之前，建議依照拆除圖仔細對照拆除尺寸、位置是否正確，且不論是找設計師或是自行發包，事前也應溝通好再動工。

Q011.

拆除工程進行時，擔心影響左鄰右舍引來抱怨，要怎麼做最妥當？

工地內和電梯都須張貼公告，詳細條列工地管理條例。

監工驗收

張貼告示並嚴守施工時間

　　最簡單直接的方式是，張貼告示讓鄰居和住戶知道將有裝修工程即將展開，施工公告當中也需條列告知裝修工程預計結束的時間、施工單位的聯絡人及電話，若有任何狀況發生，可及時找到負責人員協助處理，更嚴謹一點的還可以先準備小禮物事先拜訪鄰居打個招呼。除此之外，切記一般施工時間原則上是上午

圖片提供©大晴室所BigSense Design

8點～下午5點，甚至有大樓規定是上午9點及下午2點之後才能進行會發出噪音的工程，施工之前最好先了解一下自家公寓、大樓的規定。

Q012.

拆除地板的時候，如果不小心打破水管、糞管該怎麼辦？

工法須知

重新配置管線最為安全

　　在拆除工程進行之前，基本原則就是要先斷水、並放光管內餘水是最保險的，避免打破水管造成漏水，但如果真的不幸打破水管，除了要馬上關水之外，同時也要打開其他水龍頭進行放水，避免所有的水都從同一個地方溢出，也要馬上找水電師傅來修復，等確定都沒有滲漏才能繼續下一個步驟。而如果是不慎打破糞管，則要重新拉管線為佳，另外，拆除過程中萬一發現老舊管線有漏水現象，也應重新配置給水管和排水管。

Q013.

地磚拆除的時候，一定要打到見底嗎？

視磁磚種類決定

通常發生在舊屋翻新的時候，預將老舊磁磚拆除更換新磁磚所發生的工程項目，如果後續所選用的磁磚是拋光石英磚，拆除舊磁磚時會建議務必記得要打到見底，殘留的水泥層也一定要徹底清除乾淨，之後重新鋪貼新的磁磚，底層的附著力好，地坪才能更為平整，避免發生膨、翹的狀況。但假如是選擇像是復古磚，因為是採取濕式施工的方式，就可以無須拆除見底。

地磚拆除見底再重新以水泥砂漿整平鋪設新磁磚，磁磚的附著性會比較好。

圖片提供◎大見室所BigSense Design

Q014.

拆除工程費用比想像中高，清運費用要另外計價？

監工驗收

清運費用一車約NT.3,000～4,500元

　　一般拆除通常不會包含清運垃圾的服務，廢棄物的清運費用大約落在NT.3,000～4,500元之間，以「車」為計算單位，還要再加一筆人工搬運費。而拆除也有分大工、小工(依經驗不同)的價錢也不同，一般打石工的價錢在NT.2,500～ 3,000 元不等，會帶機具但不裝袋清運，小工則是落在NT.2,500～3,000 元之間，視工作的難易度。

圖片提供©演拓空間室內設計

清潔運用以車計價，有時還須加人工搬運費。

  拆除保護必懂監工細節

垃圾清除有裝袋和散裝二種方式，最好委託具有專業證照的廢棄物清潔公司到場處理清運。裝袋式要注意安全，嚴禁從高層以拋丟方式造成巨大聲響，散裝垃圾則要做好綑綁的動作。

Q015.

想省錢的話，可以只拆除局部破損的地板嗎？

磁磚局部破損雖然更換，但須注意色差。

Q016.

有沒有做到頂的隔間，拆除順序會不一樣嗎？

工法須知

須留意色差與高低落差

拆除局部地板從工法上來說是沒問題的，不過要注意幾個問題，如果是磁磚局部更換，有可能發生找不到同一批磚材替換，或是新舊磚材會有些微的色差，可能造成視覺美觀性，若是木地板局部替換，也可能發生每批材質不同，造成高低落差、地面不平整的情況。

圖片提供◎演拓空間室內設計

工法須知

隔間到頂先拆天花，未到頂先拆隔間牆

雖然說拆除是由上而下、木到土，但有時候也得根據現場狀況彈性調整，舉例來說，一般隔間牆如果做到及頂的話，拆除順序是木作→天花板→隔間牆→地板，但若是隔間牆未做到頂，天花板和隔間牆的拆除順序就必須顛倒，這時候得先拆隔間牆，否則可能會有倒塌傷人的危險性。

Q017.

施工過程中要更換窗戶，如何避免風雨破壞室內裝潢？

材質選用

窗戶可使用養生膠帶或帆布作暫時性的保護。

Q018.

因隔間變動的關係，原本的油漆牆之後會貼磁磚，這樣也需要打到見底嗎？

工法須知

使用帆布、養生膠帶遮窗

目前比較常見的方式是使用帆布或是貼覆養生膠帶遮窗達到防雨的效果，但兩者多少都會有縫隙，沒辦法做到完全密合、防水，更謹慎的方法是從外面將窗戶的洞口封板，可有效防止風雨入侵。如果不小心發生雨水灌入的話，也要先找工班或設計師將水盡快排出，避免破壞室內地板、木作。

圖片提供©演拓空間室內設計

點狀打毛無須見底

整修住宅經常遇到格局變動，如果原本的油漆牆面之後改為貼覆磁磚，此時可以不用拆除見底或去皮，只要在表面上做均勻的點狀式處理，也就是所謂的打毛，見到水泥材以增加磁磚與牆壁的接著力即可。

Q019.

反正事後會鋪上水泥，木地板大概拆一拆即可，小釘子凸起物不拆掉應該也沒關係吧？

工法須知

釘子必須清理乾淨

這可是錯誤的觀念！尖銳的釘子如果沒有清理乾淨，反而會導致後續打底的泥作層裂開、工班師傅不小心受傷，因此拆除木地板時，將表層木地板掀起、清除下架高部分之後，要特別留意檢查釘子是否有無清理乾淨，避免後續產生不必要的麻煩。

圖片提供◎演拓空間室內設計

木地板拆除後的釘子務必清理乾淨，避免後續人員受傷。

! 拆除保護必懂監工細節

拆除木地板的時候也要留心下方是否可能有電管、水管經過，拆除後也可用鐵鎚敲敲是否有出現空心怪聲，進而決定木地板下的磁磚、打底層是否需重做。

Q020.

想拆除原本廚房的磚牆隔間,師傅說大面積拆除最省時間,這樣是正確的嗎?

磚牆可先從中間段開始敲打,讓上面的磚自然掉下來。

工法須知

碎石機敲除、打石機推倒

拆磚牆的時候會先用大型榔頭搭配碎石機敲除牆面,可以先敲打中間段的牆面,讓上方的磚牆自然塌下,接著再以打石機推倒牆壁,節省拆除時間,若遇到有門、窗的隔間,則是要分次切割再拆除,避免太大塊不好搬運,也容易塌下砸傷人的危險。

Q021.

明明就請專業施工團隊進行外牆油漆工程,但總是會看到防護膜被吹得七零八落,好怕影響完工品質,這真的是無法避免的問題嗎?

品質好的養生膠帶用在戶外也無須擔心風吹日曬。

材質選用

高黏度養生膠帶,不怕日曬風吹

施工的防護膜通稱為「養生膠帶」,是由布膠帶與塑膠薄膜組合而成,專供裝潢期間做防護、遮蔽用途。其實外牆施工容易被風吹落問題,可以依照布膠帶的黏性分類選擇專供戶外用的高黏度,不僅可以貼覆於不平整的粗糙表面,更能有效對抗強風吹襲、耐UV等多重功能,維持多日都無須擔心脫落、殘膠問題。

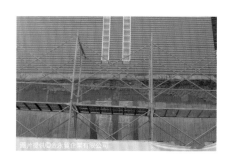

Q022.

油漆工程進行時，使用舊報紙黏貼遮蔽地板、家具、電器、櫃體即可，環保又省錢？

材質選用

corona成分養生膠帶，韌性佳、吸附粉塵效果好

使用報紙遮蔽家具櫃體時，常見問題就是縫隙不能完全密合，現場切割、拆除粉塵容易飄入，加上油漆為液體有滲透性，無法保證傢俱電器能安然度過裝潢期間，達到保護目的。加上紙質本身脆弱，要是施工期間報紙脫落東一張西一張，師傅還得放下手邊工作重新黏貼佈置，延緩施工進度，間接提高裝潢成本！

工欲善其事必先利其器，現在市面上有專供裝潢使用的養生膠帶可做為家具、櫃體保護用途，養生膠帶為布膠帶搭配塑膠薄膜組成，能夠在施工期間保證家具不受汙染，可依據面積挑選適當尺寸，免去拼接困擾、也減少縫隙產生，輕薄、防水特性，亦能暫時用於窗戶、冷氣封口使用，功能相當多元。然而養生膠帶種類多，選購時可注意塑膠薄膜是否有經過corona處理，比起一般養生膠帶，更易吸附粉塵或是飄散粒子，可達到防塵效果，且完工撕除時，不易殘膠，免除事後清潔問題。

養生膠帶若有經過corona處理，不但韌性好、防塵佳，也更好撕除。

圖片提供©金永賀企業有限公司

Q023.

師傅説養生膠帶容易破裂，有時不夠大還得拼湊使用，是真的嗎？

材質選用

選對大品牌品質更有保障

　　養生膠帶良莠不齊，但價格其實相差無幾，所以最好挑選大品牌產品才有信譽保證！可以達到施工便利、優異防護性，以及善後快速等特點，避免產品不佳讓油漆、粉塵滲透。

　　優秀的養生膠帶其布膠帶與膠膜部分連結堅固、不易破損，黏度更可依照使用位置挑選高黏度或低黏度，用完好撕不易殘膠，有效避免拔漆慘劇。材質上分為膠膜與紙質兩種，擁有最多六種尺寸供選擇，最小可供黏貼門框縫隙的80mm(紙養生)到最大3200mm(養生)能完全遮蔽一整片牆，針對不同用途挑選，省去裁切拼接困擾。

必懂材質 KNOW HOW

養生膠帶規格	適用範圍
550 mm×25Y	電器箱遮蔽、油漆工程防塵
1100 mm×25Y	電風扇包覆
1500 mm×25Y	採光罩漏水、廚櫃遮蔽
2100 mm×25Y	桌椅遮蔽、草席收納
2700 mm×25Y	沙發椅、床舖等大掃除遮蔽
3200 mm×25Y	油漆工程防護

紙養生膠帶規格	適用範圍
80mm×33M	開關插頭面板
150 mm×33M	踢腳板工程遮蔽
300 mm×33M	天花板噴漆
430 mm×33M	牆面、櫥櫃油噴漆保護
550 mm×33M	大面積木器、車體噴漆保護

圖片提供©金永豐企業有限公司

養生膠帶的規格很多，最大甚至可以遮蔽整面牆。

※ 兩種膠帶可自由搭配和紙膠帶使用。

※ 適用範圍為建議選擇，可以依照現況實際需求運用於各種大型物件或是場地。

Q024.

家中窗框處漏水重新整修，好擔心旁邊面板開關、插頭遭波及，還得多支出一筆費用！

材質選用

特殊牛皮紙養生膠帶，隔絕液體滲透垂流

窗框重新整修工程進行時，周遭家具、面板會面臨拆除的碰撞與粉塵，以及重新粉刷油漆滴漏、垂流問題，此時可選擇紙養生膠帶保護表面、隔絕各種汙染。

紙養生膠帶由特殊耐滲透牛皮紙與和紙膠帶組成，好撕特性方便師傅可徒手快速貼覆完成！針對裝潢最令人擔心的油漆、木器漆等有機溶劑都能有效防止滲透，液體不會垂流造成地面髒汙，且耐候性佳、不易脫落、殘膠，遇水潮濕時更仍能保持一定的表面強度，能最大化地完成家具、傢飾保護任務！

圖片提供©金永質企業有限公司

紙養生膠帶可運用在重新噴塗的家具，可隔絕液體滲透垂流。

隔間工程

chapter
2

室內隔間主要用以區分住家機能領域，同時具備防火、防水、懸掛物品等附屬機能。常見種類為磚造實牆、木作隔間、輕鋼架隔間、玻璃等，各自擁有特殊的材質魅力，可依照預算、施工時間、隔音好壞、施工環境乾淨與否等訴求為出發點，找出最適合自己的住家隔間選擇！

關鍵施工
TIPS

1 磚造實牆放樣時得保持地面淨空平整，讓圖面能忠實呈現於工地現場，同時以鉛錘或雷射標出正確垂直、水平吊線，力求砌出平整磚牆。

2 木作輕隔間除了確認角料與板材皆為正確尺寸、厚度，最表層封板一定得選用防火建材，確保居家安全。

3 若要懸掛重物，木作隔間在施作時，可預先在懸掛區域強化角料密度，封板底襯6分夾板，即可達到載重需求。

4 輕隔間內填隔音棉得確實塞滿縫隙，不可鬆散；施工時可透過外包裝或與廠商聯繫，確認等級與品牌正確，因為一旦封板就無從檢查。

5 玻璃隔間內嵌天花至少1公分深度，左右預留1～2公分寬度，再以矽利康四邊填縫。完工後確保玻璃面完整無破損，按壓不晃動才算大功告成。

Q025.

明明已經重新砌了磚牆，卻發現沒有垂直水平，怎麼會這樣？該如何補救？

Q026.

所謂「木作隔間」就是單純木板的意思嗎？

木作輕隔間的表面封板建議一定得選用防火矽酸鈣板，千萬不要為了省下一點小錢而危害居家安全！

工法須知

放樣尺寸抓錯、線沒畫直

從平面圖落實到工地施作，放樣是決定成敗的第一步，如果尺寸沒算準或是線沒畫好，就會發生牆面歪斜的慘劇。一旦發現砌歪，會影響後續地面施工尺寸誤差，建議重新測量，讓工班配置正確建材尺寸、數量。如果地坪是鋪設磁磚、大理石，可調整留縫間距或透過切割建材方式微調；木地板則可利用收邊條巧妙修飾。

工法須知

木作隔間=骨架+隔音棉+矽酸鈣板

不是喔！木作輕隔間是用木角材製作所需牆面骨架，裡頭塞入隔音棉等材質，表面板材通常為防火材質的矽酸鈣板。木質輕隔間常見於鋼骨大樓，雖然隔音不如磚牆，優點是施工快速、載重低，施工環境也不像磚牆這麼大費周章，算是符合現代人需求的效率隔間施工法。

圖片提供©演拓空間室內設計

！ 隔間工程必懂監工細節

1. 可用手或榔頭輕敲牆面，聽聲音是否沉重紮實。
2. 把開關、插座拆開，查驗板材材質、厚度是否正確。

Q027.

板材百百種，哪些板材可以用在木作隔間牆？

Q028.

木隔間隔音效果差，該怎麼補強？

填入隔音棉加上雙面封6分板，能有效提升木隔間的隔音效果。

材質選用

夾板、木芯板為常見輔助板材

　　市面上最常見的隔間牆表面材質為矽酸鈣板，其實還會透過其他如木芯板、夾板等板材輔助強化牆面結構。木芯板外層為夾板，其中包覆小塊木屑剩料，運用熱壓機壓製而成。夾板則是多層薄板堆疊膠合組成。兩者不易變型、釘合力佳，板材達到一定厚度更具備隔音、吊掛物品效果。

工法須知

填入隔音岩棉、加厚板材

　　木隔間是用角材作骨架、雙面板材結合而成的量體，皆為木質地、結構中空，導致隔音不佳。建議填入隔音棉，同時於兩面各加一層6分板，最後鋪上矽酸鈣板牆面封板。此外，隔間牆置頂再施作天花，也能強化隔音效果，同時有效減少日後冷氣散逸。

圖片提供◎今硯室內設計

  ! 隔間工程必懂監工細節

1.檢查岩棉有無確實填滿。

2.岩棉有K數之分，越高隔音越好，施作之前可確認是否與設計溝通時的一致。

Q029.

我家挑高超過四米，隔間牆真的不能用磚牆嗎？

工法須知

挑高磚牆須內嵌H型鋼

若樓高超過四米，牆面則不宜過寬，或是直接在磚牆中加入H型鋼強化結構，提高安全係數。而無論是木作輕隔間或鋼骨輕隔間，板材與骨架能隨意延伸，施工方便快速安全、載重低，造價相對便宜，但隔音較磚牆差。建議可依照預算、施工期與需求，做出最適當的選擇。

Q030.

決定用玻璃隔間做書房，師傅說用矽利康固定就可以了，真的是這樣嗎？

無框隔間建議以檔板固定玻璃，通常檔板用於上方和側邊，下方無須放置。

工法須知

內嵌天花至少1公分是關鍵

沒錯。玻璃是現場施工最簡易快速的隔間素材，但需注意的是，除了使用矽利康黏著固定外，其實關鍵在於天花板的1公分凹槽。當玻璃隔間內嵌後，四面填入矽利康固定，日後即使矽利康硬化，玻璃板仍可固定於凹槽內，即使有小晃動也沒有立即性的危險。

圖片提供◎禾光室內裝修設計

Q031.

玻璃磚當隔間有高度限制嗎？結構會不會不穩？

工法須知

十字縫立磚砌法確保結構

傳統玻璃磚為兩片玻璃熱焊而成，裡頭是空心狀態，與玻璃實心磚砌法大致相同，但後者因為比一般磚更重，施作時建議高度不宜過高，以免過重歪斜倒塌。在砌磚前先做好基礎底角，再以十字縫立磚砌法，塗覆填縫劑自下而上，按上、下層對縫的方式施作。

Q032.

輕隔間牆刷好油漆之後，居然出現一道一道的裂縫，該怎麼辦？

監工驗收

劃開裂痕、用AB膠二次填縫

輕隔間牆多以矽酸鈣板、石膏板材質做表面材料，由於板材有一定尺寸大小，整面牆為多塊拼接而成，勢必會出現拼接縫隙，如果縫隙預留太大或太小，加上填縫不確實，經過熱脹冷縮、地震之後，裂痕就會慢慢出現！

如要避免這個問題，板材間須預留0.3公分左右縫隙，或是將已出現裂痕以美工刀稍微劃開，再以AB膠二次填縫，記得要等第一次上膠乾透後才能繼續下一次施作，可用玻璃纖維網輔助、加強拉力；最後進行補土、油漆工續。

Q033.

聽說木隔間的結構較不穩，沒辦法直接釘釘子掛重物？

工法須知

預先強化背板強度為吊重物做準備

可透過增加骨架密度、內襯夾板方式，提升結構強度，達到吊掛物品目的。木作隔間牆是選用約1.8吋角料作牆面支撐，中心填入隔音棉，表面再以矽酸鈣板封板而成，若有懸掛電視、大型畫作等重物需求，可預先在施作時，增加局部區域的角材密度，封板前多上一層4分夾板，板材間以白膠黏合上釘。需注意的是，懸掛下釘位置最好落在角材上最保險。

預先劃出吊掛區域，就能透過增加骨架密度與加厚夾板方式，讓木作輕隔間也能安全懸吊重物。

圖片提供©今硯室內設計

Q034.

台灣地震頻繁，輕隔間的交接處開始出現龜裂縫隙，住家重新裝修時該如何才能降低裂縫出現機率？

輕隔間施作時可加入抗裂網做輔助，提升隔間連接的強度，不易產生裂縫。

Q035.

新砌磚牆一定都要粉光嗎？有些師傅說粗胚、有些師傅又說要粉光？

Q036.

隔間有磚造實牆、輕隔間…等，應該要怎麼選擇？

材質選用

隔間、天花加入抗裂網，降低裂縫

輕隔間或天花板材拼接時通常都會有些微誤差，因此需要在板材邊做出導角，再使用兩次AB膠作填縫處理，此時即可加入PE抗裂加強網做輔助材料，強化連接處的強度。

圖片提供©台永質企業有限公司

將柔軟不易斷裂的PE網視為板材連結媒介，塗完第一次AB膠後貼覆其上，等乾透後再填入第二層AB膠，能加強對抗地震與熱脹冷縮時拉力震動破壞，有效降低天花壁面裂痕出現機率。

工法須知

是否粉光看後續工程而定

新砌磚牆是否粉光其實是看後續處理而定，如果要貼磁磚，可省略粉光；若是要進行油漆作業，就得先行粉光步驟。粗胚的水泥、砂比例約為1：3，等乾透後再以3：1：1的細砂、水、水泥比例做粉光處理。

材質選用

正確認知材質優缺、自身訴求

隔間除了區分住家機能領域外，還兼具隔音、懸吊物品、防水等功能，可依照施工期、預算、建築載重、甚至裝潢環境髒亂程度做評估。例如：磚造實牆隔音最佳，但施工期長，須忍受環境塵土飛揚與泥濘，造價不菲；木作、輕鋼架隔間施工期短，但隔音較差，若需吊掛物品得確認角材位置或是加強背板強度。上述三種是最常見的隔間材質，其他還有輕質混凝土、陶粒板、玻璃、白磚等材質可選擇。

Q037.

為什麼工地堆放的紅磚總是濕答答？這樣的磚用起來沒問題嗎？

預先讓紅磚吸飽水分，才能保障牆面強度；同時需注意堆磚處的防水處理。

監工驗收

紅磚吸飽水才能砌牆

這是正常程序喔！由於紅磚吸水力強，需在砌牆前一天澆灌清水，讓它吸飽水，避免紅磚在施工過程中吸取水泥砂水份，導致水泥乾裂、降低牆面強度！也因此在砌磚牆時，要先規劃出固定放置磚塊處，地面需舖帆布、白板，甚至塗上防水層，同時準備海綿隨時擦拭、吸取磚塊堆多餘水流，防止其四處滲漏。

圖片提供◎今硯室內設計

Q038.

空心磚可以用來當隔間嗎？需要注意什麼？

空心磚在充分了解其優缺點之後，配合正確施工方式，也能成為室內隔間牆材質。

工法須知

空心磚牆超過一公尺得強化結構強度

空心磚在增強結構與正確施工的前提下，一般可用在外牆與室內隔間，亦常見於園藝用途。由於空心磚防水性不佳、不耐震，堆疊成超過 1 公尺以上的牆面，水平、垂直向就得補強鋼筋與特製鐵網，或塗覆水泥粉光，以補強結構增強其耐震程度。

圖片提供◎相即設計

Q039.

玻璃隔間轉角用矽利康收邊好醜，還有其他選擇嗎？

玻璃隔間的磚角處除了導角使其密合外，輔以適量的矽利康可強化其安全性。

工法須知

感光膠固定收邊更美觀

玻璃隔間牆的轉角接合處除了使用矽利康黏接，另一個選擇是以感光膠固定。使用感光膠固定後，看不見膠合痕跡，收邊於無形。除此之外兩片玻璃的相接處通常以90度垂直相接，也可以將兩片玻璃導角45度接合，令玻璃隔間變化彈性更加多元。

攝影：©蔡竺玲

Q040.

新砌磚牆在打出管線凹槽後局部變形傾斜，為什麼會這樣？

等磚牆乾透才開鑿管槽，並利用斜打方式，減輕磚牆橫向受力。

工法須知

磚牆要乾透才能開挖管槽

磚牆沒完全乾透就開始鑿洞才會這樣。磚牆完工後，需等待2～3天讓水泥砂與紅磚完全乾透才能進行其他工續。鑿出管線凹槽時也要特別注意，鑿擊方向得順著凹槽斜打，而不是正面垂直開挖，減輕牆面水平受力，最大化避免牆面歪斜、傾倒可能。

圖片提供©演拓空間室內設計

Q041.

泥作師傅總是沒把隔間磚牆縫隙填滿，這樣做出來的牆壁夠結實嗎？

工法須知

粗胚砂漿滲入磚縫連結更緊密

別擔心，這是泥作師傅為了後續粗胚打底時預留的縫隙喔！疊砌紅磚牆時，常見紅磚間泥砂沒填滿、縫有點大，看起來一點都不均勻穩固，其實等磚牆砌好、乾燥後，進行表面粗胚施工時還會有水泥塗覆的工序，此時就能抹上足量的水泥砂漿，令其滲入磚與磚之間的縫隙，產生水化作用而更加緊密，亦能減少龜裂狀況發生。

Q042.

師傅說沙發主牆面的磚牆一天就可以砌好，不會有問題嗎？

工法須知

磚牆每日施作高度不能超過1.5公尺

萬萬不可！住家高度一般為3米上下，磚牆施工需等下半部砂漿乾，每日施作高度不能超過1.2～1.5公尺，因此至少得分兩次施作才妥當。可以在水泥砂漿內摻入海菜粉增加黏性與加快乾燥速度。

大面積置頂牆面至少得分兩次施工，底部乾燥後再行堆疊才是最穩妥安全的施工方式。

圖片提供◎今硯室內設計

 隔間工程必懂監工細節

1.檢查磚塊與磚塊之間是否排列整齊，磚縫不可位於同一位置。

2.新砌牆與舊牆壁交接處是否有在適當位置上做壁栓。

Q043.

重新裝潢琴房，除了加隔音棉，已經請工班加強木作隔間的板材厚度，為何隔音效果依舊不盡理想？

木作隔間板材厚度要明確指定使用的厚度。

材質選用

正確指定所需板材名稱

要強化木作隔間的隔音效果，加厚板材的確是必要的第一步，不過如果籠統地跟工班師傅說要加厚，或是單純說要6分板，都會有被操作的灰色空間，前者的厚板泛指4分、6分板，後者則要確切指明「足」6分板。若想達到最佳隔音效果，這些文字溝通細節都要格外注意。

圖片提供◎

Q044.

師傅邊砌磚牆，但又在牆壁上打鋼筋，這樣會不會影響結構？

工法須知

壁栓是新、舊牆面連結關鍵

砌牆時會有與舊有牆面交接處，此時就會採用植入鋼筋方式固定，俗稱「壁栓」，或是打入自攻螺絲，令新舊牆面產生產生接點，於其上抹覆水泥砂漿，增加兩道量體連結性使其更加穩固，避免日後因地震或自身結構問題發生龜裂問題甚至倒塌。

Q045.

為什麼砌磚必須用交錯的方式堆疊而成？

工法須知

卡榫交接方式提升結構強度

為了加強新、舊磚牆的連結咬合力，透過交丁手法處理，使其交接處不為單一直線，而是猶如卡榫一般交錯，增加彼此間的接觸面、增加抓力，藉此提升磚牆與磚牆間的穩定性。

Q046.

想要直接用火頭磚當隔間，砌好之後還要有哪些工序？

工法須知

填縫劑＋亮光漆保有光澤

　　近幾年吹起一股自然裸裝風格，許多空間都直接以清水磚或火頭磚作為隔間，但施作上需注意，因為是當作裝飾材使用，表面不會有其它材質覆蓋，因此必須仔細排列，呈現整齊的磚縫，無需打底，但要用填縫劑將磚縫填平，表面再塗上一層亮光漆，維持磚面原有光澤外，也能避免材質本身的粉塵飄落。

Q047.

木作隔間隔音一定得用隔音棉嗎？隔音棉有何差別？

監工驗收

填實隔音棉保證隔音品質

　　隔音棉是必要的喔！隔音工程除了增加板材厚度外，填充的隔音棉也是關鍵。隔音棉從16K、24K、到60K都有，K數為岩棉密度，數值越高隔音效果越佳。此外施作需保證充分填實無縫隙，不可鬆散。監工時可透過外包裝檢視是否為約定好的K數、廠牌，也能與廠商聯繫確認無誤；因為完工後看不到，施工期間亦可請師傅或設計師拍攝過程，確保雙方權益。

圖片提供◎演拓空間室內設計

依照需求、預算選擇適當的隔音棉，透過監工、驗收確保權益。

水電工程

chapter

3

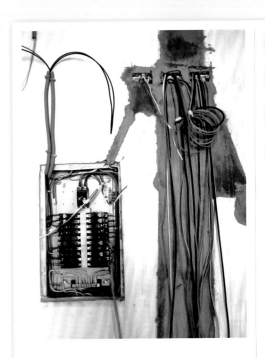

關鍵施工
TIPS

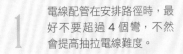

1　電線配管在安排路徑時，最好不要超過 4 個彎，不然會提高抽拉電線難度。

2　冷、熱管間至少得保持 10 公分距離，若要上下鋪排，就要用保溫材料隔離。

3　糞管管徑較大關係，在不打地坪的前提下，至少得架高 15 公分才能藏得住，同時得注意管線不宜拉過遠，與保持洩水坡度以保排水順暢。

4　安裝或移動瓦斯管線都需經由專屬認證的施工人員施作才行，水電師傅不一定了解詳細流程，還是交給專業的來比較安全。

5　可事先提供工程人員管線圖面、照片比對，或請水電師傅與泥作師傅配合，以束帶標記管線位置，避免不慎打破壁內管線。

水電配置與生活息息相關，直接影響日常舒適程度，卻深藏功與名，隱身於濃妝淡抹的裝潢面容背後。從前期圖面規劃、用電量估算、現場放樣，到正式進場實際施工操作，直至日後維修，環環相扣，都得在此時力求完美，才能高枕無憂地享受便利生活。

Q048.

為什麼要配置弱電箱？功能是什麼？

設備評估

集中整理、方便維修

可以將全室訊息傳輸設備如電話、網路、第四台、防盜系統線路集中於此，除了線路整合不凌亂，也方便維修。弱電箱通常設於大門配電箱旁，建議汰換早已不敷使用的老舊箱體，藉以容納更多設備線路，也可加裝風扇或散熱孔，確保線路不過熱。

Q049.

110V 與 220V 的電線是一樣的嗎？

材質選用

不同電壓要選擇適當負載率的線路

電壓110V一般選用線徑2.0 的電線；220V電壓可選用的線路較多，從線徑2.0、3.5 或5.5平方絞線皆可，其中建議選用5.5 平方絞線的電流負載率較高，較不會引起電線走火。

！ 水電工程施工要注意

1.使用正確線徑電線：110V需用線徑2.0電線；220V可選擇線徑2.0、3.5、5.5平方絞線。

2.絕對不能使用舊電線：舊電線容易出現外皮脫落、線路受損情況，千萬別冒險。

3.埋入牆壁的電管要用硬管：選用CD硬管包覆電線，避免因水泥砂漿而擠壓變形。

Q050.

專用迴路是什麼？與一般迴路有何差異？

監工驗收

專用迴路提供單一高負載家電使用

　　一般住家單一迴路提供6個插座用電使用，專用迴路就是一個迴路只設一個插座，通常是針對大負載功率電器所設。迴路就是一個接通的閉合電路，從正極出發，經過迴路中所有使用電器插座後，回到負極。一個迴路會在配電箱中連結一個無熔絲開關，該迴路短路或超載時就會跳起避免走火。

Q051.

馬桶移位一定要墊高地板嗎？

設備評估

埋壁式馬桶無需架高地坪

圖片提供◎演拓空間室內設計

　　一般馬桶移位，因為糞管管徑較大關係，在不打地坪的前提下，至少得架高15公分才能藏得住，同時得注意管線不宜拉過遠，與保持洩水坡度以保排水順暢。若真的不想架高地板，則可選擇壁埋式馬桶，因為管線整合於馬桶後方牆壁中，就能解決地板高低落差問題。需注意的是，埋壁式馬桶設備與施工費用都較高，同時亦講究施工技術與經驗，得找專業施工廠商較有保障。

埋壁式馬桶管線藏於後方壁面，是不想架高地板的另一種選擇。

⚠ 水電工程施工要注意

　　傳統馬桶換位置關鍵在於糞管移位，需注意只要位移超過5公分就得調整，管線要走直線盡量不轉彎，禁止90度銜接，一旦距離過長就得在地坪做出洩水坡度。

Q052.

配電箱問題都是總安培數太小不敷使用，既然如此就直接升等最大安培數的配電箱就能一勞永逸？

設備評估

剛剛好的安培數，過熱才能及時跳電警示

絕對不行！配電箱的安培數超過實際使用數值太多，會導致即使用電超負荷也不會跳電，無法有效預警！時間一久，因為電線長期過熱，電線外層塑膠融化，一旦線路稍有接觸就會走火。因此要先計算室內電器與插座所使用的總安培數，選擇最符合需求的合格匯流排配電箱，保障無熔絲開關能正常反應，一旦發生問題就能及時斷電警示。

Q053.

電線外套管線柔軟好曲折，既然有保護了，隨意走線、轉彎都不要緊？

工法須知

電管路徑最好不要超過4個彎

電線配管在安排路徑時，最好不要超過4個彎，不然會提高抽拉電線難度。線路再連結出線盒後，沿著牆壁鑿出管槽鋪設，一旦決定好位置馬上得用管線固定環固定，輔以水泥砂漿做最後定位。

拉管線時，得邊用固定環隨時固定，加上水泥砂漿確實定位。

圖片提供◎今硯室內設計

！ 水電工程必懂監工細節

1.事前要確認現場放樣管線路徑，避免亂打牆。

2.檢查埋入牆面管線是否有用CD硬管確實包覆。

3.管線走位要整齊，封牆前記得拍照記錄。

Q054.

專電、專插有什麼不一樣？

裝潢前先安排好高用電量設備的專電、專插，保障居家生活便利與安全。

設備評估

固定或移動大負載設備的單獨供電管道

兩者差異於用電設備固定或移動。例如專電是提供大負載功率的特殊固定設備用電，例如五合一暖風機；專插則是專門提供可移動大負載家電使用，例如烘衣機、電熱器等。專電、專插相同目的就是在高負載電器運作時，不會跳電而致生活不便，更有效避免因電線過熱而走火，保障住家安全。

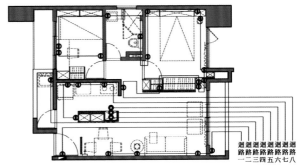

迴路一 迴路二 迴路三 迴路四 迴路五 迴路六 迴路七 迴路八

圖片提供©演拓空間室內設計

Q055.

因為廚房移位，順便請水電師傅幫忙將瓦斯管線移位，一次搞定！

工法須知

請交給專業認證瓦斯施工人員

千萬別這麼做，安裝或移動瓦斯管線都需經由專屬認證的施工人員施作才行喔！水電師傅不一定了解詳細流程，還是交給專業的來比較安全。還有連接瓦斯出口至瓦斯爐、熱水器的塑膠管會老化，建議兩年更新一次，可自行買材料更換或是請專業人員施作。

Q056.

弱電跟強電指的是什麼？

設備評估

分指訊息傳輸與電力安裝總稱

弱電指的是訊息傳輸性質設備，如電話、網路、有線電視信號、防盜保全、門禁管制等等；強電則是照明、插座等電力安裝總稱，台灣多為110V的電力設備與管線。

Q057.

安裝洗手檯的時候，不小心打破水管，能事先避免嗎？

工法須知

可事先提供圖面或束帶標示

鋪木地板與安裝廚房、衛浴設備是最容易打破水管的兩個施工時機點，起因於得頻繁釘釘子、鑽孔的關係。可以事先提供工程人員管線圖面 '、照片比對，或請水電師傅與泥作師傅配合，以束帶標記管線位置，都能避免不慎打破管線、因此延宕工期。

事先提供圖面能減少打破水管機率；管線綁上束帶即使覆蓋水泥後也能辨識。

圖片提供©今硯室內設計

 ！ 水電工程施工要注意

1.施作完拍照、繪圖作記錄，標示尺寸與關鍵交接處。
2.用束帶纏繞管線為記，提醒後續施工單位小心。

Q058.

管線藏於牆壁是很美觀，但是日後要維修該怎麼辦？

拍照記錄管線位置走向，方便日後維修參考。

Q059.

水管已經重新配置，為何流出的水還是隱隱透出紅黑色髒汙？

監工驗收

拍照、繪圖記錄最保險

　　記得管線配置完成後拍照留底，更精確一點可以簡單繪製圖面、標示轉彎、接頭位置，尤其尺寸須格外註記，將以上資料妥善保存，若以後遇到問題便毋須到處敲敲打打，可以迅速找到關鍵位置。

圖片提供◎演拓空間室內設計

監工驗收

可能是公共管線、水塔未更新導致

　　這種狀況常出現於中古大廈的舊屋翻新案例中，因為雖然自家管線是新的，但從公共水塔到水表間的管線並未更換，依舊有生鏽問題，或是水塔本身過於老舊、久未清潔等問題，可與設計師、社區管委會作進一步討論後續處理。

！ 水電工程必懂監工細節

測試步驟1.關閉水閥，洩光管內存水。
測試步驟2.連接機具將管內空氣排出。
測試步驟3.打入5kg/cm² 水壓，結束檢查壓力是否下降。
測試步驟4.檢查管線是否有漏水情形。

Q060.

想要事先計算不同區域用電量、安排開關位置與數量，該如何抓出粗估數字？

設備評估

詳列電器種類、數量最實際

以一般3房2廳的住家而言，一個房間一個迴路，一般一迴有6個插座，約略抓出總數12～18迴；此外，大負載功率電器設備要設專用迴路一定要提前告知。現在一般30坪住家通常配置75安培左右電量，若有特殊需求達到150安培都有可能，當發現總電量不足時，記得先向台電申請外電，再作室內配置。

實際上在裝修前的水電計畫討論時，應詳細告知設計師、水電師傅每個機能場域用電習慣，同時列出住家所有電器，才能得到最符合需求的配置結果。

圖片提供©實適空間設計

詳列所有電器需求、總電量要充足，配電工程才能踏出成功的第一步。

 ! 水電工程必懂監工細節

1.施工前與施工進行中，要反覆檢查使用線材是全新、正確線路。

2.所有迴路都要詳盡標明線路。

3.確認高耗電器有獨立設置迴路。

4.靠水位置插座需配置漏電斷路器。

Q061.

插座高度該怎麼抓？

監工驗收

床頭櫃插座高度大約是落在 45 ～ 60 公分左右，預先規劃可方便使用壁燈或是充電。

配合使用習慣、家具高度為宜

　　一般插座設置為離地30公分、床頭、矮櫃插座則約45～60公分，一般桌面使用插座為90公分高。特殊插座例如位於窗簾下方，建議設置於離地5公分左右，才能避免使用時發生電線勾住掀起窗簾問題。廚房流理檯、水槽附近要配合使用者高度來規劃，約落在90～100公分上下，記得注意保持插座與水槽、瓦斯爐間距。

圖片提供◎實適空間設計

Q062.

超過 20 年老公寓無預警爆管、淹水，重新整修的話該如何解決這個問題？

工法須知

排水管另接獨立新管至公共排水處

　　有可能是老公寓排水管老舊，管壁藏汙納垢導致管徑變小，或是公共排水管某處遭到阻塞，此時低樓層住家就遭殃了！建議重新整修時，可另接新管至地下排水處，同時將舊管妥善封起來，避免未來排水倒流狀況一再發生。

Q063.

電腦桌的插座、開關、電線密集凌亂，如何解決收納問題？

工法須知

在桌面設計線槽或蓋板，即可解決惱人的電線收納問題。

Q064.

時間就是金錢！換完管線趕緊封牆進行下一階段也沒關係？

監工驗收

線材、蓋板巧妙隱藏

　　一般不想讓一堆電線、插座看起來雜亂無章，都會將其規劃於地面角落，但畢竟天天都得用，常常彎腰埋頭實在太辛苦，建議可設置蓋板或線槽將插座與電線遮蔽隱藏在桌面上，如此一來就解決了雜亂問題，更避免落塵堆積，方便後續清潔。

圖片提供◎演拓空間室內設計

百分百確定無漏水才能封牆

　　不行！水管配置完成後，第一個動作就是得測試水壓，檢查管線連接處是否有接好，建議至少測試1小時，甚至要更小心可延長為一個晚上。測試期間可以加壓器增加水壓，看水管、接頭處能否承受壓力；試水第二天即可檢視水壓計數值是否下降，一旦下降就表示管線有縫隙、一定有漏水，進而進行補強動作。

!　水電工程必懂監工細節

1.泥作封牆前一定得先測水壓。

2.試水要有耐心，短則1小時，有時間拉長至一天最好。

3.要特別檢查新舊水管交接處。

Q065.

重新裝潢的時候，如果舊給、排水管線不用了，需要做任何處理嗎？

廢棄不用的給、排水頭要妥善處理，若是掉以輕心，萬一日後發生問題會非常麻煩。

工法須知

須徹底填平、封口

　　原有給水管線不再使用、要處理時，因為有水壓問題，第一步先記得先關水，再使用專門的金屬或塑膠止水封頭廢除。而排水管線則先用管帽或塑膠袋塞住洞口，打入矽利康、整平排除空氣，確定填實，最後再塗上防水層直到與RC齊平。

圖片提供◎演拓空間室內設計

Q066.

新成屋在施工前還要測排水嗎？

監工驗收

進場前排水測試保障權益

　　要喔！由於建設公司良莠不齊，怕他們的施工人員在建築施工期間將泥砂、廢棄物倒進管線，所以為了保障權益，進場前可用水管灌水5分鐘，同時測試馬桶是否能正常運作，確定沒問題了再進行室內裝修動作。

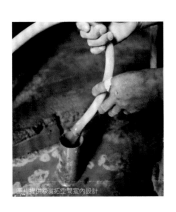

圖片提供◎演拓空間室內設計

為了釐清是建築公司還是自家工班責任，即使是新成屋，在進場前也得進行排水測試。

Q067.

埋壁式的出水設計，跟一般管線施作上有什麼差異嗎？

埋壁式管線得在牆壁封起來前仔細檢查，以免日後維修費時費力。

工法須知

管線全內藏於牆壁中

埋壁式出水設計，最常見的就是浴室浴缸、洗手台的給水設計，即龍頭打開後水直接從壁面流出。由於管線全藏於壁內，所以在打底配管後就得用測試棒檢查是否固定直立、有無歪斜晃動，以免日後發生問題無法補救。

圖片提供◎演拓空間室內設計

Q068.

排水管都一定要加存水彎嗎？存水彎有哪些功能？

存水彎兼具隔絕臭氣、阻擋蟲蟲入侵重任，住家排水管最好都能裝上此結構。

監工驗收

有效阻絕異味、害蟲入侵

沒錯，無論是浴廁、廚房、陽台的排水管設施都能加裝存水彎。存水彎是裝設於排水管的U型或S型管設計，目的是讓存於轉彎處的存水阻止臭氣、害蟲隨著管線跑進室內；同時存水彎也具備檢修、清理功能，若發現排水管有阻塞情形，可打開下方孔蓋做清潔動作。

圖片提供◎演拓空間室內設計

 水電工程施工要注意

 排水系統都應裝設存水彎，其水封深度不得小於5公分、大於10公分，才能有效阻止臭氣、昆蟲進入室內。若發現水乾了，倒入適量水即可。

Q069.

熱水管外面都有包覆保溫套了，跟冷水管排在一起也無所謂？

冷、熱水管得互相保持距離，保證水溫與管材壽命。

監工驗收

兩者至少得相隔10公分以上

因為冬天冷水管很冰，與熱水管溫差相當大，一旦交疊就可能影響熱水溫度，導致水溫下降，尤其冷水管為PVC管材質，長時間接觸高溫，不但有可能爆管，也會減少管材壽命。冷、熱管間至少得保持10公分距離，若要上下鋪排，就要用保溫材料隔離。

圖片提供©今硯室內設計

Q070.

配電時，發現師傅在埋出線盒時格外費力，裝好的面板也很不穩固，是哪裡出了問題？

放樣後用切割、打鑿方式，抓出精準管線路徑。

監工驗收

精準放樣再開挖減少出錯

可能是沒放樣就直接開挖管槽導致。現場放樣時，會抓出線路的水平、垂直基準，還有管線路徑、出線口定位等等，讓相關人員能藉此調整，確認無誤再進行切割、打鑿，不僅保持牆面整潔、完工後好修補，也大幅降低出錯機會。

圖片提供©今硯室內設計

Q071.

廚房、浴室跟陽台的地排位置應該如何規劃？

地排位置很重要，要配合磁磚作規劃才能順利排水。

工法須知

應設於水槽、洗手台前方

地排常見於廚房、浴室與陽台，建議最佳裝設位置在水槽或洗手台前方，靠近用水處，不管是漏水或清潔都能第一時間將水排除。在裝設細節上，也要避免裝在單片磁磚中央，除了鑽孔麻煩，也有洩水不易問題，最好能裝在磁磚與磁磚的縫隙之間。

圖片提供◎演拓空間室內設計

Q072.

LED 燈最省電，住宅通通用它就能一勞永逸？

居家燈光最好能隨著空間機能差異調整、配合，選擇適當燈具。

設備評估

視場域機能搭配適當光源方為上策

由於一般LED燈屬於點光源，光源集中、方向明確、即點即亮，最好用在玄關、走廊等機能空間；而常見的節能燈泡則因照明範圍廣，常見於客廳、餐廳等主要大空間。建議兩者視機能互相搭配使用，才能達到最佳效果。

圖片提供◎演拓空間室內設計

Q073.

住家重新配置管線，連弱電也都要全部換新嗎？

弱電容易受損影響訊號，管線重新配置得隨之全面換新。

設備評估

怕弱電受損必須直接汰換

是的。弱電線路比較細，平時受潮、鬆脫都會影響訊號傳遞，更何況重新配管、抽線挪移大動作，因此不管房子新舊，一旦進行出線口的移位工程，都要全部換新。其中若有接線情形發生，必定要預留檢修口、方便日後維修。

圖片提供◎演拓空間室內設計

Q074.

新家裝潢好後才發現有些地方插座不夠用，又不想拉延長線，有補救方法嗎？

監工驗收

配電箱重拉、走明線增加插座

配電箱通常都有預留擴充空間，可以請師傅再幫忙拉線出來新增插座，但由於裝潢工程已經完工，不太可能打牆埋線，就只能管線外露走明線了。插座不夠用是因為對每個空間使用習慣尚不了解，若條件允許，裝潢時每面最好都能規劃雙孔插座，再視實際狀況增加，尤其像手機充電器、掃地吸塵器充電器這種活動設備都得考慮進去，才能估出最符合需求的插座數量。

 水電工程施工要注意

 完工後要增加插座又不想打牆重來，只有確認位置後走明管，將新增電流接進配電箱中，詳細標示迴路名稱，方便日後維修；最後再用電表測試是否通電。

Q075.

配電電管還有分材質嗎？

燈具出線口選擇右側 CD 軟管最適當，軟硬電管的外觀相似，建議可壓壓看確認軟硬度，可壓折的為軟管。

材質選用

根據拉線路徑挑選合適管材

　　是的。電線配置是將線路以管子包覆後再連結至目標供電位置，隨著路徑不同，建議選用不同管材更能符合環境需求。埋入地、壁電管，最好選用CD硬管，較耐壓也不易損壞；裸露的明管則可選用PVC管或EMT管。另外，在燈具電線的出線處以軟管連接最佳，可隨意調整的材質特性方便拉線。

攝影©蔡竺玲

Q076.

哪些設備需要設計單一迴路？

設備評估

大功率電器設置單一迴路保平安

　　除了一般所熟知的冷氣、電熱水器、烤箱等耗電大功率產品應該設計單一迴路外，若是冬天是使用活動式電暖器的家庭，可以考慮在主要活動空間多預備一組獨立迴路供其使用。還有重視音響品質的人，把音響設備統一專用迴路的好處是，能確保電壓平穩，保障設備壽命與聲音品質穩定。

！ 水電工程必懂監工細節

1.廚房大功率電器都得另拉獨立迴路、使用專插。

2.流理臺可預留備用插座，方便日後果汁機、攪拌器等小家電使用。

3.若有新增插座，需注意迴路電荷量是否過大。

Q077.

埋地插座動不動就會被踢到，是哪個環節施工不良嗎？

地面預設插座，需精準預估連同磁磚、泥砂的完成面總厚度，才能避免日後絆腳危險。

地面完工厚度決定出線盒該埋多深

可能是在埋出線盒時，沒有估算好地坪完工後的正確高度，導致凸出過多所致。於地面設置地插，在挖出線盒位置時，就要先想好鋪貼地面材之後總厚度，反向推出需要挖多深。

圖片提供◎今硯室內設計

Q078.

冷、熱水管的材質選擇有哪些？

熱水管材最好選用不鏽鋼

熱水管現在多為不鏽鋼管，外覆保溫套，減少熱水輸送時的熱能散逸。冷水管可選用方便彎曲的PVC管，或是耐用的金屬管，要注意的是金屬管轉彎角度會較為受限，配置前要先考量這點。千萬不可使用不同材質水管相連，因為抗壓係數有差異，會容易爆管。

必懂材質 KNOW HOW

名稱	材質
冷水管	1 生鐵管：早期常用材質，容易鏽蝕。 2 PVC 管：常見塑膠材質，要注意與熱水管交接處區做好隔離。 3 不鏽鋼管、不鏽鋼壓接管
熱水管	1 銅管：早期常用材質，有鏽蝕、銅綠問題。 2 不鏽鋼管、不鏽鋼壓接管：目前還有外覆保溫材的不鏽鋼管，能有效維持水溫。
排水管	PVC 管：以1吋半、2吋管徑最常見；有灰管和橘管之分，橘管較耐酸鹼。
糞管	PVC 管：有橘管和灰管之分，橘管較耐酸鹼，多用 3 吋半、4 吋管徑。

Q079.

出線盒藏在牆裡頭，大概抓個水平即可？

裝設出線盒需以量尺仔細調整，完工後才能完美呈現。

工法須知

得以量尺仔細調整水平

得用量尺抓出出線盒水平與進出，尤其超過一個出線盒並列時，得確保每個水平都能達到一致，完工後看起來才整齊，否則日後調整不易。安裝時可將埋入位置浸溼後再抹上水泥砂漿，使其產生水化作用，出線盒得以更加穩固不易脫落。

攝影©蔡竺玲　設計施工/今硯室內設計

 水電工程必懂材質 KNOW HOW

 出線盒要依照場域的機能特性作材質選擇。客餐廳、臥房等乾區選用一般鍍鋅材質即可；而廚房、衛浴、陽台等潮濕空間，建議選用不鏽鋼出線盒，降低濕氣入侵與本身材質穩定。

Q080.

要如何估算出住家插座的負荷量？

設備評估

電器瓦數÷110＝安培數

台灣多使用110V插座，通常一個迴路可提供20安培負載上限，利用電器瓦數÷110＝安培數，即可換算出單一迴路負荷量，正常情況下使用並不會跳電，若將大負載功率電器混在普通迴路內同時啟動時，就會有跳電、電線過熱情況發生，要特別小心。

Q081.

大理石浴缸的水很難流乾淨，累積久了有很多水垢，為什麼會這樣？

浴缸側邊可增設平台溢水孔，讓積水順利排出。

監工驗收

增設平台溢水孔排出積水

大理石面較難做出理想洩水坡度，才會有積水潮濕、水垢問題。最好的解決方案是在離入口最遠端，設置平台溢水排水孔，讓積水能從此處排出，解決潮濕、水垢問題。浴缸四週與牆面交接處也最好能做出洩水坡度，讓溢出來的水順利排出。

圖片提供◎演拓空間室內設計

Q082.

為了日後填補方便，在壁面打鑿管線凹槽一定得力求平整？

開鑿管槽可左右打出鋸齒線條，方便水泥砂漿填補。

工法須知

左右鑿出鋸齒線更利水泥附著

剛好相反喔！壁面打鑿管槽時，可依照放樣位置大小，稍微超出、在兩邊形成凹凹凸凸的鋸齒曲線，這樣一方面能讓水泥砂漿附著更緊密，也減少牆面開裂成一字型裂縫的機率。

圖片提供◎演拓空間室內設計

磚材工程

chapter
4

關鍵施工
TIPS

磚材施工是裝潢過程無可避免的工程項目之一，簡單來說分成硬底施工、軟底施工，差異在於前置是否有以水泥砂漿打底，磁磚鋪貼完成之後還得進行填縫動作，建議至少需靜置24小時以上，甚至能等待48小時為佳，這樣可以讓水氣完全蒸發，日後也比較不會有發黃的情況。

1 準備鋪貼磁磚之前要先檢查一下包裝是否完整，以及拆箱確認每塊磁磚是否完好如缺，若有破損、裂縫的狀況記得先退回廠商更換。

2 鋪貼地磚的時候要注意地面完成後的高度，是否會導致門片沒辦法順利開關，通常兩者之間會抓 1～1.5 公分的距離。

3 異材質地磚拼貼可以使用預埋不鏽鋼條做收邊，若不喜歡收邊條也可以計算好磚、木地板完成面的高度去做水泥砂漿厚度的調整，讓兩者達到水平一致的設計。

4 硬底施工最重要的是打底層是否有出現龜裂、空洞等情形，如果沒有平整，將會影響後續貼磚的平整性，同時也要等水泥內的水氣完全乾透之後，才能鋪貼磁磚。

5 軟底施工的難度在於鋪磁磚的時候，要一邊鋪一邊調整平整性和做出洩水坡度，很考驗師傅的技術，貼的時候也要均勻壓貼，否則容易影響磁磚與施作面的牢固性。

Q083.

鋪好磁磚之後，如果要鑽孔，會不會不小心讓磁磚破裂？

先用榔頭捶打鑿刀引孔，再用電鑽鑽孔就不易破壞磁磚。

先引孔再鑽孔

要在壁磚上鑽孔的話，因為大理石、拋光石英磚都比其他材質容易破裂，事後修補也較難，因此鑽孔的時候應該由小到大，先用榔頭槌打引孔鑿，等敲出小

圖片提供：演拓空間室內設計

洞引孔之後，再以電鑽鑽孔，避免直接使用電鑽鑽孔，導致磚材或大理石損壞。

Q084.

原有磁磚地面不平，如果只是鋪設木地板，也需要重新整平地面嗎？

打毛整平地面再鋪木地板

這是一定要的。地面越平整的話，木地板鋪好會更密實，否則踩踏起來容易出現噪音，因此還是需要先把磁磚拆除打毛之後，鋪上水泥砂漿或用自平水泥做好順平地面的動作，才能進行鋪設木地板的動作。

圖片提供©今視室內設計

地磚的平整性會影響後續木地板鋪設是否能夠密實，木地板鋪設之前鋪一層防潮布，具有阻擋濕氣的作用。

！ 磚材施工要注意

如果是膨共或漏水等問題，應先做好防漏處理，再依序以水泥砂漿整平地面，避免日後木地板出現受潮、凹陷的狀況。

Q085.

磚材的大小和種類跟施工方式會有差異嗎？

貼大塊磁磚的時候，最下排的磁磚可以放置支撐腳作為輔助。

工法須知

大塊磁磚分批貼

圖片提供◎演拓空間室內設計

磁磚的尺寸規格的確會影響貼磚的施作時間，如果壁面貼的是大塊磁磚，建議最好分批進行，不要一次全部貼完，因為大面積磁磚是由下往上堆疊鋪貼，如果一次就貼完，下方支撐力可能會過重，比較容易造成移位，這時候還可以在最下排磁磚放置支撐腳輔助，而尺寸較小的磁磚，例如馬賽克，則是一邊鋪貼一邊要注意垂直水平線是否垂直，免得貼到最後才發現歪斜。

Q086.

磚材都是用一坪作計價嗎？

材質選用

根據種類計價不同

不一定。磁磚的尺寸也會影響計費方式，大部份的一般磁磚的確都是以「坪數」計價，但很多大塊磁磚反而是以「片數」計價，另外小塊磁磚如：小口磚、馬賽克，則以「才」計價，選購時最好先詢問清楚。

Q087.

戶外花園想要使用陶磚，正確的工序為何？

工法須知

鋪乾沙、反覆灑水、夯實處理

陶磚的正確施工步驟是，欲施作的地面得先整平，接著鋪上一層乾沙，再依序放置陶磚，透過反覆潑水、打實進行「夯實」處理，比較不建議用黏著劑的方式把陶磚貼在水泥地上，因為這樣反而失去陶磚保水、透氣、調溫的效果。

Q088.

磁磚轉角沒收邊好醜，也怕小朋友受傷，有哪些收邊的做法？

工法須知

導角黏合或搭配收邊條

磁磚的收邊有幾種做法，比較常見最簡單快速、平價的手法是，利用市面上現成的收邊條做處理，收邊條包含塑膠、鋁條、金屬等材質，可依據磁磚花色、風格搭配選擇，另外還有比較費工的方式，是將磁磚送至加工廠打磨做出45度導角設計，再透過磁磚與磁磚的貼合修飾，這種做法的優點是比較美觀而且平整，不過相對費用也會比較高一些。

Q089

壁磚、地磚的工法都是一樣的嗎？

工法須知

壁磚用硬底施工、地磚軟硬底皆可

由於垂直的牆面沒辦法附著半乾濕的水泥砂漿，因此牆面貼磚只能使用硬底施工，用水泥砂漿以鏝刀抹平打底，等完全乾燥之後再進行防水、貼磚等工序。地磚則是可使用硬底或軟底施工，軟底施工還可以細分半濕式跟濕式，兩者的差異在於水泥砂混合後是否有加水攪拌，沒有加水的是半濕式軟底、有加水則是濕式軟底，貼磚之前將水泥砂、水泥砂漿拌好鋪在地面。

圖片提供©實適空間設計

地磚施作可選擇硬底或軟底皆可。

! **磚材施工要注意**

乾拌水泥砂或是濕拌水泥砂漿以鏝刀打底抹平，通常打底厚度約為4～5公分左右。

Q090.

軟底、硬底施工是什麼意思？什麼時候該用軟底？什麼時候用硬底？

工法須知

壁面貼磚、小塊磚用硬底，地面貼磚、大塊磚用軟底

　　硬底施工指的是會先以水泥砂漿打底，才進行鋪設磁磚的工法，屬於最標準的磚材施作方式，適用於50×50以下的磁磚。因為小塊磁磚本身輕巧易於調整，不需依靠下方底層的柔軟度，就可自由移動，但由於要多一道打底程序，所以施作時間會較久。軟底施工則是無須打底，只是先以水泥做一層簡單的半濕軟底，就進行磁磚的鋪設，通常適用30×30、50×50以上的大片磁磚，因為大片磁磚移動不易，需要依靠軟底滑動來調整位置和洩水坡度，這種做法的優點是施作時間快速。

工法比一比 KNOW HOW

工法	硬底施工	軟底施工
特性	以水泥砂漿打底後再貼磚，壁磚施作只能採取此工法。	不用打底，鋪好水泥砂漿後就貼磚。
優點	磁磚與施作面的附著性較好，且平整度佳。	價格便宜、施作速度快。
缺點	施作時間長、價格也比較高。	附著力略差，易發生膨共現象。
價格	打底約NT.3,000元／坪，磁磚貼工約NT.3,500元／坪（含接著劑，不含料）	NT.2,500～3,500元／坪（不含料）

圖片提供◎演拓空間室內設計

硬底施工最重要的是水泥打底講究平整度。

Q091.

磁磚送到現場應該把握時間,趕快請師傅貼?

磁磚送到之後可檢查包裝是否完整,磁磚是否有翹曲或是破裂的瑕疵問題。

確認磁磚規格、尺寸與型號

磁磚送到工地現場後,建議先別急著鋪磚,應該先拆箱檢查,確認是否為當初選購的磁磚規格、尺寸、數量是否都有吻合,也可以檢查一下磁磚有沒有發生破裂、缺角、翹曲等狀況,另外有些磁磚包裝也會標示出產的批號,如果是同一個批號,比較沒有色差問題,若有任何瑕疵則可以向廠商反應退換貨。

圖片提供◎演拓空間室內設計

Q092.

局部更換磁磚,要如何解決新舊磚大小不一導致的接縫無法對齊難題?

新舊磁磚可利用腰帶設計,巧妙避開接縫的問題。

加入腰帶或菱形磚貼法轉移

舊屋翻修很多時候會希望能保留局部磁磚,但新舊磁磚又會遇到接縫無法對齊的情況,因為除非使用同一品牌、同款磁磚,否則的確多少都會有誤差,建議貼新磁磚之前先放樣,根據磁磚尺寸、樣式設計磁磚的鋪排計畫,搭配腰帶設計或者是採用菱形貼法,讓視覺豐富有變化,也能轉移接縫不齊的狀況。

圖片提供◎今硯室內設計

Q093.

鋪貼磁磚時,要怎麼確保貼得平整好看呢?

貼磚之前的水平放樣是影響後續貼磚是否平整的一大關鍵。

準確的水平放樣＋善用磁磚整平器

磁磚要貼得平整,一開始的水平放樣其實很重要,特別是硬底施工,以棉繩固定完成基準線之後,必須要用雷射水平儀再次做確認,一旦有誤差,磁磚貼起來就會不平整。再來是鋪排磁磚的時候,可以利用磁磚整平器作為輔助,例如十字固定器可以校正水平之外,也能讓磁磚的縫隙大小一致。

圖片提供©演拓空間室內設計

Q094.

貼完磁磚,師傅馬上填縫是對的嗎?

磁磚貼好後要 24 小時才能以海綿刮刀進行填縫作業。

間隔24小時再填縫

千萬別為了趕時間忽略這個小細節!剛鋪設好的磁磚,其實水泥砂漿內含的水分都尚未釋放出來,如果在這時候急著填縫,很有可能讓水氣滲入磁磚內部,恐怕造成磁磚表面白華或是霧化、縫隙發黃的狀況。因此,建議等磁磚貼好之後,等待至少24小時的時間,磁磚完全固定之後再進行填縫為佳。

圖片提供©演拓空間室內設計

Q095.

磁磚縫隙應該要留多大？

一般磁磚大約是預留 2～3mm 的縫隙。

監工驗收

2～3mm最為普遍

磁磚必須留縫在於避免日後熱漲冷縮造成脫落、膨脹，因此要先預留一個緩衝的空間，留縫的尺寸沒有一定的要求，一般磚材約略會以2～3mm的縫隙為主，拋光石英磚則是2mm，過大反而會不夠美觀，但像是特殊磚材，如復古磚，則是會預留到4m的伸縮空間。

攝影◎許嘉芬 設計施工◎日作空間設計

Q096.

貼磁磚時，師傅說要跟工廠多訂一些，不過這樣會增加工程預算，是合理的嗎？

磁磚數量會根據坪數和磁磚尺寸做換算，一般還會需要加上 5～10% 的損料。

監工驗收

磁磚要預留5～10% 的損料

沒錯，這是因為磁磚遇到牆角、轉折處都會裁切，因此一般訂購磁磚的時候，多數會預留5～10% 的耗損量，免得貼到一半發生磁磚不夠的情況。如果是自行與建材行訂購磁磚，可先詢問施工後耗損量退貨的作業。

圖片提供◎實適空間設計

 磚材施工要注意

 磁磚計算方式為1坪的面積÷磁磚的面積（磁磚長x磁磚寬）= 1坪片數

Q097.

馬賽克磁磚的縫隙應該要如何養護？

石材馬賽克配搭台灣檜木檯面，再襯以精心設計的光影規劃，摹演最精彩的光壁表情。

監工驗收

多上一層水漬防護漆

馬賽克磁磚因為尺寸小，縫隙小也多，比較容易有卡污的情形，尤其像是石材馬賽克，因成分天然，本身具毛細孔，也會有吃色、變質的問題產生，所以會建議在完工之後多上一層水漬防護劑，平常也儘量保持空間的通風與乾燥。

圖片提供©日作空間設計

Q098.

電視新聞報的新屋地磚沒多久就膨脹凸起，到底是什麼原因？該怎麼解決？

若遇到膨共問題建議拆除重新施作。

監工驗收

重新打底施作為佳

其實影響地磚膨共的原因有很多，包括水泥砂漿比例不正確、水管漏水滲入磁磚，或是像台灣冷熱變化大、地震等等所造成的。所以要解決之前應該了解膨共的原因，假如拆開局部發現是水泥砂的比例不對導致，建議應重新調合正確的水泥、砂、水的比例，並且重新打底施作，但如果是因為漏水的關係，則要先處理好漏水的源頭，阻斷水源後才能有效解決。

圖片提供©今硯室內設計

Q099.

施工到一半，臨時想把地板磁磚拿去貼壁面，這樣可行嗎？

地壁磚厚度、密度不同

這樣是可以的，一般地磚的確可以當壁磚用沒問題，不過相反的，如果壁磚想用來當地磚鋪是不可行的。因為地磚與壁磚燒製的厚度跟密度都不一樣，壁磚通常會比較脆弱，無法承受長期踩踏、堆放重物的壓力。

Q100.

為什麼壁磚貼到最下面，變成是半塊磚？可以避免嗎？

由下往上鋪貼，用天花板設計解決

貼壁磚的時候，通常會選擇往上或往下開始貼磁磚，往上貼是最簡單的方式，因為最後可以透過天花板設計避開，讓磁磚是完整的，但如果要往下貼就得考慮靠近地面的磚。舉例來說，30×30的磁磚，假設依水平線往下要貼三塊磚，水平線的高度就要設定在87 ～88 公分，也就是說水平線下第一塊磚30 公分，第二塊磚30 公分，最後一塊磚約28 公分，這樣就不會出現「半塊磚」的狀況了。

Q101.

為了省預算，浴室墊高區可以用拆下來的舊磚堆疊即可？

使用舊磚易產生縫隙

衛浴移位改管的時候，必須要架高地板，坊間的確有師傅會直接拿拆下來的舊磚堆疊出高度，或甚至灌漿的時候以廢料回填，這些都是不正確的做法，廢料回填無法達到緊密壓實，用舊磚也不能跟水泥砂漿完全密合，這些都很容易造成縫隙，最終造成漏水。

浴室墊高處若使用舊磚堆疊，後續易發生漏水狀況。

圖片提供◎今硯室內設計

Q102.

地面用超耐磨木地板與磁磚兩種材質，需要做收邊嗎？

材質之間的銜接最常運用不鏽鋼條做收邊。

Q103.

什麼是洩水坡度？洩水坡度到底要留到多少才正確？

洩水坡度完成後可以利用水平尺做確認。

工法須知

預埋不鏽鋼條

地坪若鋪設兩種不同的異材質，最常見的是磁磚和木地板，這時候有兩種方式選擇，如果不收邊的話，必須在泥作打底後以木地板的樣板進行高度測量，要計算木地板鋪設後的高度、以及磁磚貼好後的高度是否能一致，或者是也可以利用預埋不鏽鋼條的做法做收邊。

圖片提供©演拓空間室內設計

監工驗收

正確坡度規劃，避免積水

洩水坡度主要產生於前後陽台和衛浴，主要用途為幫助順利排水，從排水口算起，大概每100公分會有1～2公分的落差，不過也得視管徑的大小而定，當管徑小於75mm的時候，坡度不可以小於1/50，但當管徑超過75mm的時候，則是不能小於1/100，如果沒有確實規劃好洩水坡度，就會發生積水的現象。

圖片提供©今硯室內設計

Q104.

如何避免磁磚產生膨共？

工法須知

水泥砂要拌勻、注意砂的品質

如果是採用半濕式軟底施工的方式，通常較容易發生水泥砂攪拌不均勻的情況，當水泥砂沒有拌勻、磁磚發生膨共的機率的確比較高，另外也要注意砂的品質，一旦水泥放久了就會吸收水氣，應選購製造日期三個月以內的尤佳。

Q105.

看師傅貼好磁磚後用槌子不停敲打，用意為何？

監工驗收

磁磚密合度更好

不論是硬底施工或是軟底施工，在鋪貼完成之後都會以橡皮槌輕敲磁磚，主要原因是為了要讓磁磚與水泥砂漿達到更密實的效果，彼此的黏著性與貼合度更好。

Q106.

師傅打底後就說要趕快貼磁磚，這樣是正確的嗎？

監工驗收

粗胚打底要徹底乾燥

絕對不行喔！當水泥砂漿完成打底後，必須要讓打底層確實的乾燥才可以，一般夏季大約需要等2～3天的時間，但如果是冬天溫度低、水分蒸發速度也比較慢，建議至少等待一周左右，若是忽略這個步驟，打底的面就容易發生龜裂的狀況，以後貼好磁磚也很可能造成空心現象。

圖片提供◎演拓空間室內設計

水泥砂漿完成打底後，要讓打底層確實乾燥。

Q107.

工程時間緊迫，拆除表面磁磚後，能簡單塗覆水泥重新貼磚嗎？

監工驗收

均勻紮實粗胚打底確保鋪貼的平整性

不建議這麼做！磁磚鋪貼之前的粗胚打底算是相當重要的一環，利用1：3：1的水泥、乾砂、水的比例調和水泥砂漿，塗抹時會用鏝刀多次逐步做均勻塗布，而且會以一個面作為一個單位，一邊塗一邊用刮尺去調整水泥砂漿的水平，如果打底沒有確實，最後會影響磁磚貼覆的平整性。

圖片提供◎演拓空間室內設計

水泥砂漿要多次均勻的塗布，千萬不能貪快隨便鋪。

Q108.

聽說益膠泥具彈性又防水，所以浴室地壁最好都用益膠泥來貼磚？

工法須知

壁磚益膠泥、地面水泥漿

並非如此！浴室貼壁磚使用益膠泥是正確沒錯，因為益膠泥中含有樹脂的成分，具有優異的防滲水、抗裂的作用，很適合當牆面的黏著劑，但如果運用在浴室地面，因為容易接觸到水，萬一磁磚有裂縫滲水進去，益膠泥反而會造成存水的情況，此時便容易發生漏水，因此還是應以水泥漿塗佈做貼覆為佳。

Q109.

磁磚填縫有哪幾種方式可選擇？

工法須知

水泥、樹脂和矽利康填縫

　　磁磚填縫的方式包括有水泥填縫、樹脂填縫和矽利康填縫，水泥填縫算是比較普遍的做法，利用原色或專用色的水泥填縫，可搭配磁磚選擇白色、水泥原色、黑色等，以橡皮抹刀填滿磁磚縫隙，抹縫後再以海綿沾水擦拭表面，優點是價格便宜、工法簡單快速，不過施工過程當中也比較會有吸附灰塵的問題。樹脂填縫的施作則較為麻煩，且單價也較高。

材質選擇 KNOW HOW

材質	特性
水泥類填縫劑	以水泥為基底，加上不同顏色色粉，水泥類填縫劑孔隙大時間久了會褪色，也容易有卡垢發霉問題，建議完工後上一層防護劑解決日後困擾。
樹脂類填縫劑	樹脂類填縫劑乾的速度快，約 15 分鐘後會乾掉，施工時需邊作邊清潔，以避免殘膠留在磚面上。樹脂類填縫劑價格高，適合對不變色與日後清潔很講究的屋主。
矽利康類填縫劑	起源於玻璃填縫用途，也常見使用於吧檯壁面磁磚，因為吧檯壁板多為木板、容易振動，水泥類填縫劑較硬容易斷裂、剝落，在此處運用有彈性的矽利康類填縫劑是較佳選擇。

Q110.

木作牆面可以直接貼文化石嗎？

工法須知

磁磚地面包含水泥砂漿、磚材厚度，與門片之間要預留高度，免得發生打不開門的窘境。

先釘細龜甲網再黏貼

這是不行的。文化石牆施作之前必須先確認表面的材質為何，如果是夾板、水泥板這類光滑的木作牆面的話，建議先在板材表面釘上細龜甲網，再以水泥膠著牢固接合，黏貼後在刮除多餘的黏著劑，並接著做水平調整即可。

> **! 磚材施工要注意**
>
> 假如是水泥牆面，粗胚面可以直接黏貼文化石，但若為細胚面，則必須先打毛處理才能施作，接著以益膠泥做黏貼施作。

Q111.

重新鋪貼地磚，完工後舊有門片開關時卻會與地面磨擦，是哪裡出現問題？

監工驗收

準確掌握水平高度

地坪和大門之間的高度，通常最適當的距離大約是1～1.5公分之間，鋪設磁磚底下還會有水泥砂漿的厚度、磁磚本身的厚度，尤其每種磁磚的厚度略有差異，因此貼磁磚之前應抓好磁磚完成面的水平高度，避免磁磚貼好後導致門卡住打不開的狀況。

圖片提供◎演拓空間室內設計

Q112.

好多咖啡館都有使用花磚，施工上跟一般磁磚有差異嗎？

工法須知

注意對稱與轉角收邊線條

花磚近來常見於商業空間使用，這種組合圖樣的花磚，施工前會先丈量尺寸，然後從圖騰中央開始貼，鋪貼時需要注意保持兩邊磁磚的對稱。另外，壁面、地面的轉角處則要精準加上花磚厚度，以磨背斜45度角切割收邊，才能完美地拼貼出筆直的收邊線條，或乾脆以轉角磚替代。

圖片提供◎摩登雅舍室內設計

復古花磚與影像作品交錯拼貼，展現獨特的個人風格，再搭配帶有金屬質感的鏽銅磚，型塑影像工作室的粗獷性格。

Q113.

近期木紋磚好流行，木紋磚也可以貼在牆面嗎？

材質選擇

浴室牆面選用 120 × 25 公分的仿木紋磚，超長尺寸模擬天然木頭紋理與長條狀拼接手法。

選用0.6厚度避免承重問題

木紋磚也是磁磚的一種，施工上其實和一般磁磚沒有什麼差異，不過如果是希望貼在壁面上，建議選擇厚度較薄的款式，大約0.6公分左右，較不會有承重的問題，拼貼的時候也最好依據不同款式的木紋磚設計排列。

圖片提供©日作空間設計

 磚材施工要注意

 長度達150公分的木紋磚則應採3：7交丁貼以防止翹曲。

材質選擇 know how

木紋磚也有分陶質、石質和瓷質三種，瓷質吸水率最低，硬度和耐磨度也高，會建議使用在浴室和戶外空間。由於木紋磚擁有極佳的耐磨特性，因此，極適合推薦給希望營造溫潤氛圍的商業空間，既能帶給店內木地板的自然感，又不用擔心過度踩踏造成的磨損。

石材工程

chapter
5

關鍵施工
TIPS

1

若石材完成面有地排、水管或插座等，放樣後務必留出管線的位置，並標示於石材面上，接著再以水刀進行裁切。

2

石材同樣會因為溫度造成熱脹冷縮，不論是乾式或濕式施作，都要先預留 3 ～ 5mm 的伸縮縫，預防日後石材凸起。

3

若是以水泥和砂調和的施工方法，完工後切記要使用海綿沾水加以清理，如此可避免石材表面汙損吃色。

4

使用填縫劑修飾石材接縫之前，溝縫務必要清理乾淨，避免沙土或灰塵殘留，否則會影響填縫劑的密合度，易造成剝落。

5

洞石施作前建議先在表面塗佈防護劑，6 面皆施作較為安心，可防止污染或刮傷，或是改採用膠合的乾式施工，避免水氣問題。

石材施作最重要的就是附著力和穩定度，通常是以水泥、砂和水調和，作為貼覆的接著劑，後續亦有發展出利用承重力比較強的金屬掛件鎖住石材，提高安全性。針對地壁和材質種類則是有不同的施作方式可選擇，例如板岩多以乾式施工的膠合方式，洞石因為吸水率高，通常採用水泥砂混合的濕式工法，大理石鋪設之前則建議先做好防水程序，可避免日後白華、吐黃。

Q114.

聽說大理石牆容易變黃，有可能預防嗎？

選用中性矽利康和澳洲膠黏合

石材牆面如果使用乾式施工，因其作法是以澳洲膠、AB膠、矽利康等黏合，可施作在水泥面、木質，甚至是金屬面等底材，澳洲膠的黏合性高，不易汙染石材，可降低發黃情形，同時務必以中性矽利康取代油性，也有保護石材的作用，否則可能造成表面吐油變黃。

Q115.

施工過程中，不小心發生石材邊角碎裂的問題，還可以繼續用嗎？

迅速使用快乾膠搶救

的確在施作過程當中，難免會因為搬運或是碰撞產生邊角碎裂，其實只要立刻使用快乾膠黏貼，幫石材進行假固定的動作，接著再貼覆於地面或是牆面，透過水泥黏合性的強度，即可避免日後掉落的問題，也無須淘汰碎裂的石材。

石材邊角些微破裂的話，可使用快乾膠做為補救。

攝影©蔡竺玲　設計施工©上鼎石材

Q116.

選了很貴的石材做牆面，又怕施工錯誤造成歪斜、凸起，應該怎麼施作才妥當？

工法須知

益膠泥厚度需適中，並注意水平、進出面

　　石材牆面施作包括硬底施工、乾式施工，若以硬底施工施作，塗抹益膠泥的時候，厚度必須適中，太厚會讓石材過凸、太薄又會造成凹陷，就會容易導致牆面不平整。除此之外，不論是硬底或乾式施作，貼覆石材時，最重要的就是注意水平、垂直和進出面是否有對齊和平整，同時需預留3 ～ 5mm 的伸縮縫，避免石材凸起的情形發生。

石材貼合時務必確認水平與進出面。

攝影◎蔡竺玲　設計施工◎上鼎石材

!　石材必懂監工細節

以硬底施工貼覆石材後，應以槌子輕敲表面，可釋放空氣，增加石材與益膠泥的附著力。乾式施工則須注意塗抹膠著劑時，要以點狀交錯排列，接著劑也要適量，才能避免產生空心的情形。

Q117.

常聽說石材白華的問題，如果還是很想用，該如何避免發生白華？

採用乾掛施工或增加5～6道防水層隔絕

石材之所以會發生白華，是因為鋪設石材時，水泥砂漿裡的鹼性物質，被大量水分溶離出來滲透至石材表面，再與空氣中的二氧化碳或酸雨中的硫酸化合物反應，形成碳酸鈣或硫酸鈣，當水分蒸發時，碳酸鈣或硫酸鈣就結晶析出形成白華。然而硬底施工使用的水泥砂漿或益膠泥都有含水，此時建議預先施作5～6道的防水塗層，若施作於牆面，也可考慮選擇乾掛施工法，即可降低產生白華的情況。

攝影©蔡竺玲 設計施工©上陽石材

乾掛施工的成本高，但施工快、也能降低白華產生的機率。

Q118.

有些人説石材地坪要用濕式，有些又説要半濕式，究竟應該選擇哪個？

工法須知

半濕式工法附著性高、硬底施工速度快

天然石材地面的施作方法，包括半濕式施工、硬底施工，前者是利用乾拌水泥砂鋪底，再淋上土膏水，水泥砂的厚度建議要有4公分以上，後續鋪上石材才能避免下沉，而且水泥砂的厚度也可以用來調整石材完成面的高度，施作上更方便，且此種工法的附著性高，不易有地面澎起的問題，但缺點是施作速度較慢。硬底施工則是以水泥砂漿或益膠泥作為接著劑，因事先需要打底，所以優點是貼覆石材的平整度較佳、施工速度快，不過較容易產生白華的情形。

開放廳區選擇鋪設雕刻白細花石地板，利用天然紋理豐富空間。

圖片提供◎力口建築

 石材施工要注意

半濕式工法因為必須在地面灑水泥水，施作之前記得地面得先做好防水，免得發生漏水的情形，鋪石材時通常一次施作一片。

Q119.

設計師說櫃體表面可以用石材貼覆，這樣可以承重？不會有問題嗎？

材質選用

薄片石材輕盈好裁切，施工簡便快速

一般天然石材密度高且厚重，較難施作在門片、櫃體等處，然而薄片石材的推出，則推翻了石材的運用。以天然礦石製成，又可分為雲母、板岩兩大系列，雲母礦石帶有天然豐富的金屬光澤、板岩礦石則是石材紋理豐富，共同特性就是厚度僅約2mm，施工相當簡單快速，只要使用一般木作鋸檯就可以進行裁切，背面均勻塗抹專用接著劑就能貼合在各種木材、石膏板、矽酸鈣板和金屬，甚至具備防水效果，亦可運用於建築立面或是戶外裝飾。

圖片提供©水相設計

餐廚與臥房的隔間立面選用薄片石材，讓牆面、門片化為隱形，成為空間獨特的背景。

Q120.

施作大理石牆面時，師傅説用乾式施工法最快，但這樣不會有問題嗎？

工法須知

乾式施工省時不髒汙

室內石材牆面的施作包含以下幾種工法，硬底施工法、乾式施工法，兩種工法都有優缺點，硬底施工特性是會先以水泥砂漿打底，再貼覆石材，但相對講究打底的平整度，而乾式施工則是使用澳洲膠和AB膠黏合，基底多半是木作牆面居多，施工的確會比硬底施作來得快，不過若是膠劑抹上後沒快速貼覆，很容易會有乾硬的情形發生。

Q121.

浴室牆面選了大理石，施工到一半才發現居然沒切割水管孔徑，怎麼會這樣？！

工法須知

測量管線位置做好裁切

石材施工於放樣後，必須確認施作完成面是否有地排、水管、插座或是其它管線，如果有的話一定要先測量好管徑、插座的尺寸，並仔細標示在石材面上，接著以水刀切割出相對應的位置和大小，因石材多有對花設計，測量標示也需十分精準，否則一旦裁錯就難以挽救。

衛浴鋪設石材記得要確認好管線的位置，切割後再比對一次。

圖片提供©水相設計

Q122.

花崗石是不是很容易產生水斑？施作過程怎麼作可以避免嗎？

花崗石的耐候性強，很適合作為戶外建材，水池牆面以雪白蒙卡花崗石打造，簡化分割展現大器姿態。

工法須知

結構面先作防水處理

花崗石的毛細孔雖然較少，但若是施作在浴室等潮濕的空間，因為施作過程中會與水泥接觸，未乾的水泥濕氣往石材表面散發，水泥裡頭的氧化鈣沒有完全溶解，透過毛細孔和水氣、二氧化碳結合，就會讓石材表面變得暗沉且濕潤含水，所以在施作之前，建議可在結構面進行防水處理。

圖片提供©水相設計

Q123.

外牆施作洗石子時，工人說沖洗下來的泥水直接進水溝就可以了，這樣沒問題嗎？

監工驗收

另接管線規劃廢水集中區

絕對不能！因為沖刷下來的泥水會變乾硬，如果直接流進水溝，反而會造成水管堵塞，所以在洗石之前應先另外接好管線，設置廢水集中區，讓泥水不會流入建築物的管線，接著再進行高壓水柱來回沖刷，讓表面的水泥掉落，最後一併清理廢水才是最正確的作法。

Q124.

輕隔間、木作隔間適合鋪貼大理石嗎？會不會有載重跟安全的問題？

工法須知

運用金屬骨架支撐

石材單片重量可達20公斤，如果是想施作在輕隔間作為立面裝飾，的確需考量承重力的問題，在此情況之下，比較謹慎且安全的方式是選擇以乾式施工法，同時在外側另外豎立金屬骨架作為支撐，確保其安全性，但換言之也會因為要預留深度施作骨架，空間會稍微縮減一點。

Q125.

剛砌好的洗石子浴室局部凹凸、石子脫落，是哪裡出了問題？

工法須知

塗抹水泥石粒要快速且厚度一致

洗石子是利用水泥砂漿拌入等徑不一的石粒，調和石材、水泥、砂之後，最關鍵的施作步驟就是塗抹這些水泥石粒，不過因為水泥乾凝的速度很快，所以通常需要多個師傅一起進行鋪設和檢查的動作，而且塑型時間太快或太慢都不行，太快會讓石子剝落、太慢又會讓表面乾燥，施作厚度還得一致，若能確實操作，施工品質應不受影響。

塗抹水泥石粒的速度不宜太快、也不能太慢，最好是多位師傅一起進行。

圖片提供◎栢即設計

木素材工程

chapter
6

關鍵施工
TIPS

1　矽酸鈣板承重力不高，如果要加裝吊燈，最好在天花板施作時，確認懸掛、出線位置，上方加裝吊筋，同時以夾板、木芯板補強結構強度。

2　當木作櫃桶身組裝好放入後，就要用雷射水平儀調整水平、垂直，得確認兩側板材內緣平行才可下釘固定。

3　架高地板施工方面要注意骨架間距不能離太遠，橫角料要緊密接合，確保垂直與水平扎實密合；底板邊緣交接處也要以角材支撐。

4　線板接縫處要預留溝縫、板緣打斜角，同時之後油漆施作以 AB 膠二次填縫，才能達到防裂效果。

5　木作門片上漆也要進行補土、打磨步驟。其中打磨也要用燈照檢查，同時使用號數較小的細砂紙手工施作，才能讓最終結果細緻美觀。

木素材為常見的建材，造型多元、機能配件齊全、適合現場裁切組裝特性，居家從木作結構、貼皮、地板、天花、櫃體，到處都可窺見其蹤跡，是裝潢預算配比居高不下的項目。施工時要依據場域機能選擇合適正確板材，結構上要注意角材數量、下釘膠合是否確實，預留熱脹冷縮的縫隙則是大多數木作施工成敗關鍵所在。

Q126.

工程做到一半，天花板居然變形了，怎麼會這樣？

吊筋要確實打入 RC 層；同時使用的角料與吊筋數量要足夠。

監工驗收

吊筋間距過大、支撐力不足

可能是天花板沒確實固定於RC層，或是角料數量不夠、吊筋間距過大導致。為了避免日後變形、下垂，工班叫料後可在現場確認品牌、品名，避免使用劣質角材或氧化鎂板；更要在天花封板前確認吊筋數量。

圖片提供©今閣室內設計

> **!** **木素材施工要注意**
>
>
>
> 天花高度與燈具厚度、照明形式、冷氣安裝形式、樑柱位置及大小皆有關係。舉例來說，燈具需預留10公分；吊隱式冷氣除機身空間外，還要有裝設排水管與洩水坡度餘裕，至少得留35～40公分以上。

Q127.

裝修預算緊縮，實木板因為較貴，一次不要進太多，等用完再跟廠商進貨嗎？

材質選用

同批進貨保證沒有色差

雖然實木名稱、種類相同，但廠商進不同批次的木材，容易出現明顯色澤與紋路差異，如果沒有一次進足板材數量，等拼在同一平面上時，就會出現顏色與紋路落差，影響美觀。

Q128.
天花板是選用矽酸鈣板，可以直接懸掛吊燈嗎？

工法須知

得先補強周圍結構才行

　　若沒有事先補強結構是不行的喔！矽酸鈣板承重力不高，如果要加裝吊燈，最好在天花板施作時，確認懸掛、出線位置，上方加裝吊筋，同時以夾板、木芯板補強結構強度，最後請木工師傅在封板前把線路拉出才算大功告成。

 木素材施工要注意

 為了加強固定、修整天花水平，會運用角材組出T型吊筋，之後再以氣壓釘槍或火藥擊釘，把吊筋固定於天花RC 層。當天花主骨架與吊筋結合時，需確實做好水平修整。

圖片提供◎今硯室內設計

吊燈懸掛處要以夾板或木芯板襯於矽酸鈣板後方，補強結構強度。

Q129.

木地板鋪法好多種，該怎麼選？

工法須知

依照地面平整度選擇鋪設方式

木地板鋪法可分為平鋪式、直鋪式與架高式。平鋪式可適用於不平整地面，使用12mm厚度打底板襯在下方，再用地板膠黏結企口與板材下方。平整地面則適用直鋪式工法，例如拋光石英磚地坪就可以這麼作。而有下藏管線需求者則適用架高式施工法，但此工法成本高，日久也容易出現板材擠壓異音，事先需審慎考慮。

平鋪式工法需要在底板塗上白膠，再用釘槍固定面材。

攝影©蔡竺玲　設計施工／日作空間設計

 木素材施工要注意

底板、面材間的白膠要確實上好，兩者間若不夠密合產生縫隙，日後踩踏時，底板和面材會因為磨擦而發出異音。

Q130.

木地板也需要收邊嗎？要如何收邊？

木地板與牆壁間留有伸縮縫隙，得妥善收邊才行。

可選擇收邊條、踢腳板、矽利康

木地板與牆壁間會留有供熱脹冷縮所需的縫隙，所以也是要收邊的。漂浮式施工可用收邊條修飾，或依照風格選擇踢腳板美化。平鋪式木地板也能使用踢腳板收邊，或是直接用矽利康填補縫隙。

圖片提供©演拓空間

Q131.

架高地板踩踏都會有聲音，現在想重新施作該注意什麼？

架高木地板選用熱脹冷縮係數低的集成材角料，能減少縫隙異音。

選用集成材角料、結構要緊密

施工方面要注意骨架間距不能離太遠，橫角料要緊密接合，確保垂直與水平紮實密合；底板邊緣交接處也要以角材支撐。此外，因氣候熱脹冷縮關係也是造成架高地板異音原因，選用集成材角料膨脹係數小，也能降低縫隙聲響發生機率。

圖片提供©今硯室內設計

Q132.

木作櫃做好之後，發現門片居然有縫隙、不平整，怎麼會發生這種問題？

先作出櫃體框架，用層板輔助讓桶身不歪斜。

木作內側桶身水平沒抓好

施作時櫃體內側水平沒抓好，就有可能出現這種狀況。當桶身組裝好放入後，就要用雷射水平儀調整水平、垂直，得確認兩側板材內緣平行才可下釘固定，底部踢腳板則用於調整不平地面。另外也有可能是五金鬆動的關係，只要替換、旋緊即可。

圖片提供◎今硯室內設計

Q133.

面對不同的原始地面材質，分別對鋪設木地板有哪些影響？

針對不同材質選擇鋪設方式

一般木地板常見採用平鋪式施工，不同的原始地面材質要有不同的處理方式。

1.毛胚屋：地板要先打底，鋪好底板即可正常施工。

2.拋光石英磚：選用漂浮式施工法，不鎖螺絲、打釘，再以矽利康膠合收邊。

3.老舊磁磚：得先確認磁磚狀況是否斑駁脫落，先進行整平動作。接著鋪上防潮布、以6分夾板打底，隔絕地面水氣，最後再鋪上木地板。

4.實木地板：全部拆除至底，重新鋪設。

！ 木素材施工要注意

漂浮式工法也稱為直鋪式工法，不需要下釘，是利用卡榫拼接連結。要由入口往室內方向施工，與牆面則要預留0.9公分伸縮縫隙填補矽利康。

Q134.

覺得木作貼皮顏色太普通，可以用哪些方式作變化？

材質選用

木皮改色可選飛色、染色、噴漆

單純想改變木皮顏色深淺，可選染色、飛色方式，像常見的橡木洗白就是染色的一種，而飛色多用於局部調整或微調深淺，兩者若使用過度皆會有遮蔽木紋的情形。噴漆是直接換色、覆蓋原有紋路的一種選擇。

工法差異比一比

種類	特色
染色	可保留木紋，但漆料太厚還是會完全覆蓋。
飛色	主要用於局部或微調木皮深淺。
噴漆	完全遮蔽木紋與顏色。

圖片提供◎演拓空間室內設計

圖片提供◎演拓空間室內設計

飛色、染色、噴漆賦予木作家具設計更多變化，左圖為飛色、右圖為染色。

Q135.

矽酸鈣板可以用在浴室嗎？

材質選用

非得使用建議塗上油性漆

矽酸鈣板雖然有防潮功能，但仍不建議裝設於濕度過大的區域如浴室、廚房。若一定得用，記得要以油性漆覆蓋表面，充當其防水保護層。

Q136.

浴室門片選用木作門片，該如何做好防潮處理？

工法須知

截短門框下緣、不接觸浴室地面

若衛浴門片、門框皆以木作方式裝修，門框與門檻相鄰，水會從浴室側因毛細孔虹吸作用、滲透至木門框，日久導致腐壞，施作時可截短門框下緣，用矽利康填縫，使門框不直接接觸浴室地面。

要盡量讓木作門框不直接接觸浴室地面，避免受潮腐壞。

圖片提供©今硯室內設計

Q137.

木作與系統可以混搭使用嗎？

利用系統櫃體搭配木工現場修飾，能減少現場施工時間。

工法須知

兩者混搭施工更有效率

當然可以。木作是現場施工，系統櫃則是在工廠製作，所以兩方工班須要先在現場測量精確尺寸、討論收邊方式。系統板材最大約240公分，若現場樓高大於240公分，也可運用木作設計收納櫃、假樑作收邊修飾。

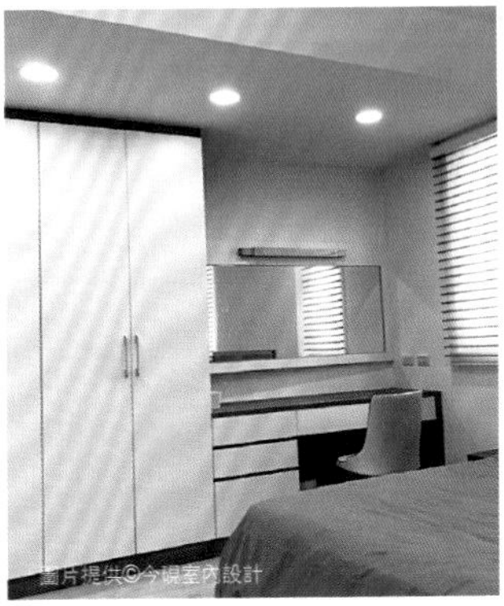

圖片提供©今硯室內設計

Q138.

常常聽到師傅提到「角材」這個詞，到底是什麼？用在哪裡？

角材是木作裝修最基本結構材。

材質選用

木作結構最基本素材

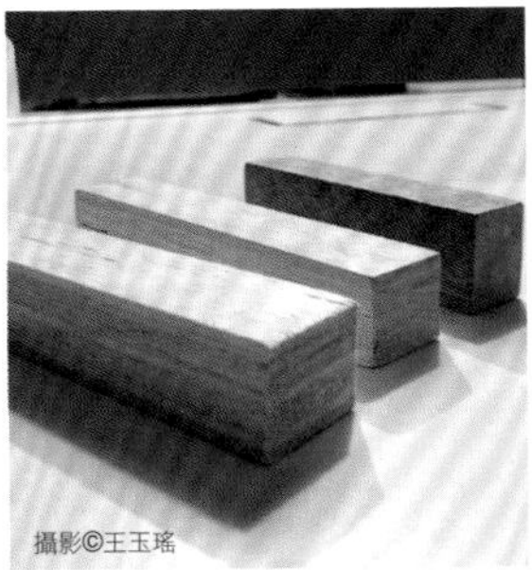

攝影©王玉瑤

是一種室內裝修基本建材，是木作結構體主要素材。現在多使用集層材角材，由木片堆疊壓製而成，重量輕又直，能讓天花、木作完成面更加平整。

木素材施工要注意

所謂防火、防腐、防蟲角材，指的是是將角材浸泡藥水、滿足特定需求。大致上可分為12尺（360公分）、 8 尺（240公分），常見尺寸為1.2×1吋及1.8×1.2吋。

Q139.

系統櫃跟木地板的施工，應該是誰先誰後？

工法須知

先裝櫃子、後鋪木地板

建議以系統櫃、油漆、木地板順序進行。若先裝木地板才組裝系統櫃，要汰換地板就得先拆櫃子才行。考量到雖然系統櫃標榜可拆卸重組，但其實真正重新利用的機率很低，反而是現在常見的超耐磨地板因為便宜、安裝容易，拆除更換的機會更多，所以木地板壓後會是比較方便的決定。

Q140.

浴室門框是木作嵌入，塑膠門片完好如初，但門框下方開始出現損壞，只能全面拆除換新嗎？

工法須知

輕微損壞可以局部更換

如果損壞情形不嚴重，可以鋸斷下方門框，直接更換新的替代，同時作好斷水路的工作。但如果腐壞狀況嚴重，雖然會很麻煩，必得全面拆除，並進行泥作修補。

圖片提供©今硯室內設計

若只有門框下方損壞，可以鋸斷後換新的。

 ❗ 木素材施工要注意

門框下緣不碰到潮濕地面才是避免泡水腐壞關鍵。新門框可稍微截短、以矽利康填縫，同時在門片、門框表面加貼木皮、上漆，為隔絕水氣多作一層保障。

Q141.

木作櫃體背靠重新粉光牆面,可以在牆表面乾燥後立刻施工嗎?

在較潮濕壁面進行木作工程時,鋪上 PU 布防潮,可延長櫃體壽命。

工法須知

木作與地、壁間需鋪防潮布

重新施作泥作牆面、家中較潮濕處,於櫃體安裝前,記得要在牆壁與木作間鋪上 PU 防潮布,阻擋地、壁濕氣滲入的反潮現象,導致櫃體吸水造成膨脹、變形狀況。

圖片提供©演拓空間室內設計

Q142.

要先作木地板還是先油漆?

工法須知

可先噴漆再鋪木地板

通常是木作完工後再進行油漆工程,但若是進行噴漆作業,包覆好其他木作櫃體後,先做噴漆作業,木地板等結束後再進場施作,避免地板被油漆噴到。

Q143.

木絲水泥板紋理好特別,居家裝修時需注意些什麼?

材質選用

固定牆面時要注意是否加裝底板

美絲板屬於防火、吸音建材。板材尺寸達 91×182公分,適用於牆面、天花,遇有裁切需求,建議使用高轉速機具,邊緣會較平整;板材間容易出現厚度差異,可離縫或導角收邊。釘於木隔間需加上角材再固定美絲板,磚牆、RC牆則可直接用鋼釘固定。完工後,建議用高壓空氣槍清除表面施工灰塵。

Q144.

乾濕分離衛浴櫃體已使用抗潮濕的美耐板,為何還是有變形狀況發生?

監工驗收

Q145.

師傅釘好的線板怎麼都沒有密合?他說這樣才是對的,是真的嗎?

監工驗收

記得預留1.5mm伸縮縫隙

　　可能是沒留縫導致。美耐板的確是適合用於浴室材質,但在施作時,板材相接觸需預留1.5mm縫隙作彈性伸縮,不然會互相膨脹擠壓而變型,此時只能請木工重新修整,費工又破壞整體美觀。

板材間要保留縫隙

　　不密合是對的。線板接縫處若完全密合,不管是熱脹冷縮、還是地鎮擠壓會容易導致裂開。合理的作法是預留溝縫、板緣打斜角,為了之後油漆施作要先以AB膠二次填縫,才能達到防裂效果。

圖片提供◎鴻拓空間室內設計

板材相接處不可密合,以防日後發生裂縫。

! 木素材施工要注意

　　板材間需留3mm的縫隙、邊緣做導角,並將板材固定於骨架上,釘針垂直打入,避免凸釘情形,但也不能打得過深,以防止釘子穿透板材。

Q146.

系統櫃一定比木作櫃來的便宜嗎?

材質選用

視廠牌與五金數量而定

不一定。木作櫃施工費用高,但系統櫃若選大廠牌搭配多樣高級五金配件,價格其實也不遑多讓。系統櫃可選擇規格品現貨約莫可省下10%預算,切記五金配件選越多就越貴。

Q147.

為什麼木作櫃體貼皮會出現邊緣翹曲等問題?

監工驗收

推膠不勻導致木皮掀角、翹曲

可能是推膠不勻的關係。木作貼皮需要專業施工技術,要木皮、櫃體兩面上膠,等半乾後才開始貼的動作,此時推膠需仔細、均勻,每個步驟環環相扣,一旦不慎就會發生木皮掀角、翹曲狀況。

裁切、貼皮、修邊、打磨步驟得依序仔細進行,保證貼皮質量。

圖片提供©演拓空間室內設計

Q148.

平頂天花指的是什麼？

拉平封板的基礎天花造型

　　平頂天花指的是一般常見將天花板以木作方式單純拉平封板，沒有多餘線板、裝飾，是最基礎的木作天花樣式。另外還有造型天花，運用線板、木作造型、燈光，隨心所欲地創作出多元面貌。

木素材施工要注意

　　先確認天花高度，接著組構天花骨架，要注意骨架間距與平與否，會直接影響最終呈現效果，要格外仔細。最後將板材固定於骨架上，再以面材修飾便大功告成。

天花造型可簡潔、可多元，能視需求作出適當選擇。

圖片提供◎演拓空間室內設計

Q149.

天花板想要用玻璃或不鏽鋼材質，可以直接貼在矽酸鈣板上嗎？

工法須知

要加裝夾板強化附著力

矽酸鈣板結構不紮實，玻璃、鋼材直接貼上去怕會有掉落可能，所以必須多加一層夾板、底板建議4分以上，黏貼附著力才足夠，最後用螺絲輔以矽利康固定。

圖片提供◎演拓空間室內設計

天花裝飾板材最好不要直接貼覆矽酸鈣板上，加裝夾板才是上策。

(!) **木素材施工要注意**

玻璃固定通常會用化妝螺絲配合矽利康，為了考慮美觀性，可捨棄螺絲、以單側嵌入卡榫搭配矽利康固定，最大化地隱藏五金與連接縫隙。

Q150.

為了省空間將隔間以雙面櫃方式呈現，要怎麼加強櫃體載重性？

工法須知

注重接合處施工

大型櫃體若有承重功能需求，在著釘、膠合、鎖合步驟，都得額外加強、確實執行；層板、抽屜與門片都要格外留心間距與精確尺寸，以免骨架不平衡而歪斜變形，減少使用年限。

Q151.

櫃子門片用久後有鬆脫、關不緊的情形，是因為鉸鍊的品質不好嗎？

監工驗收

鉸鏈中心點偏移導致

有可能是鉸鏈中心點沒抓好，不能有效支撐門片，導致門關不緊、甚至會自動打開，此時可請師傅重新校正櫃體垂直線、調整五金。

! 木素材施工要注意

櫃體組裝過程中，會因為現場進行板材裁切產生木屑粉塵，安裝五金前應注意仔細清除乾淨，避免五金因卡入小碎屑，而造成使用不順暢情況。

Q152.

好喜歡梧桐木風化板的天然粗獷，可以用在新家地坪嗎？

材質選用

質地較軟不適合當地板材

梧桐木風化板質地較軟，用於地面久踩、大型傢具放置都會使其出現凹痕，所以不建議作地板材。梧桐木與一般木質材料相同，怕潮濕、油煙與溫差過大的環境，適用於室內乾燥場域的壁面、天花、櫃體、桌面等處。

Q153.

木作隔間與實牆交接處有明顯裂痕,雖然師傅說是正常現象、不會影響安全,重新裝修的話有辦法解決嗎?

工法須知

延長木作板材、覆蓋交接處

　　由於木作與水泥隔間材質不同,熱脹冷縮程度不一致,所以在交接處難免會出現裂隙。可以在裝修時將木作隔間板材延伸至實牆面,覆蓋交接處,就能讓縫隙不再明顯。

Q154.

架高木地板高度怎樣才適當?

監工驗收

16公分是最佳高度

　　和室是居家架高木地板的典型案例,以人走動的習慣性來說16公分是最佳高度,過高不便行走,成為居家阻礙;7～8公分又太低,容易因為疏忽而踢到。

架高木地板的高度暗藏學問,太高或太低都會成為居家活動陷阱。

圖片提供©十一日晴空間設計

Q155.

系統櫃放置重物容易下凹，有什麼補強方式嗎？

增加立柱、收邊條

　　系統櫃因板材關係，載重力一般不如木作板，通常櫃內格層跨距為60公分，超過這個長度或收納書籍等重物時，可加裝立板、分擔重量，亦可裝設收邊條，加強支撐、防止變型。

櫃體裝重物時，可增加立柱、收邊條，增加支撐力。

Q156.

搬新家時，將舊家系統櫃拆卸至新家真的可以省錢嗎？

得考慮重新裁切、運送成本

　　由於系統櫃是為住家空間量身訂作，搬到新家時，尺寸、大小不太可能完全符合，此時就得支付裁切、重新組裝的費用，加上板材來回運送也是一筆花銷。可將這些因素考量進去，再決定是否這麼作。

Q157.

新完工的櫃體摸起來很粗糙，細看還有不平整的地方，是哪裡出了問題？

木作門片跟牆面一樣，都要有補土、打磨過程。

監工驗收

沒做好補土、細磨工序

木作門片上漆也要跟牆面相同，需進行補土、打磨步驟。其中打磨也要用燈照檢查，同時使用號數較小的細砂紙手工施作，才能讓最終結果呈現細緻不粗糙。

圖片提供◎今硯室內

Q158.

露天陽台要鋪設木地板要注意些什麼？

南方松地坪遇有下方檢修孔，可配合切割成適當大小，方便日後可獨立掀起。

工法須知

上釘得選用防鏽、防氧化處理材質

戶外空間要裝設木地板，要選擇防腐的南方松材質，上釘須格外注意，得，避免長時間潮濕、造成鏽蝕。依照坪數切割分片，方便日後移動。遇有下方檢修孔則可切割成20公分X20公分大小，就不用費力抬起一大片地板，即可進行維修。

圖片提供◎演拓空間室內設計

水泥工程

chapter

7

關鍵施工
TIPS

1　打底的水泥砂漿標準配比為1：3，可視氣溫與濕度作水分調節，一旦水加太多會降低水泥強度。

2　磐多魔屬於水泥基底材質，需7～8天施工期，事先需先整地，令現場沒有粉塵、碎屑才能開工，前期作業因底材而有不同。

3　水泥施工與硬化乾燥過程得徐徐為之，不能操之過急，盡量避免陽光直射與強風，保持適當溫度與濕度。

4　後製清水模質地輕薄而脆，避免碰撞造成龜裂、損傷，最佳進場時間為清潔工程前。

水泥是重要的結構建材、介面打底，擁有獨特表情紋理與質樸灰色調，令其變身炙手可熱的室內裝飾材如：水泥粉光、後製清水模、磐多魔等產品，賦予居家裝修多元面貌。但需注意的是，水泥容易有龜裂、起砂問題，從泥砂混合比例、乾燥過程管控以及後期養護都要格外精心，確保其強度與使用壽命。

5　水泥粉光地板鋪上泥料後，通常會放置養護約7日時間，使其凝結乾燥程度達到70%。

Q159.

水泥粉光地板一定會龜裂嗎？

材質選用

要先徹底了解水泥粉光會出現各種狀況與特性，再決定是否加入居家設計。

加入七厘石或金鋼砂減少龜裂

是的，龜裂是水泥粉光地坪最廣為人知的缺點，無法預知紋路與裂痕的最終變化，所以事前得徹底與設計師、廠商討論，實際觀察施作案例，再評估是否加入居家設計當中。現在已有美國、德國相關產品可將裂痕寬度控制於0.4mm以下，但價格較為高昂。另外，也有設計師在水泥中加入七厘石或金鋼砂，可提升硬度及質感的結構骨材，亦可減少龜裂。

圖片提供◎享登雅會室內設計

！ 水泥工程必懂監工細節

1.檢視地面是否平整：檢驗磨平結果與裂痕是否符合當初討論的可接受範圍。

2.邊角是否有打磨：機器打磨形狀為圓形，所以得特別注意角落處理。

3.索取保固證明：專業廠商都會提供保固書，日後出現問題才能第一時間找到人處理。

Q160.

聽說清水模所費不貲、施工麻煩，有什麼替代方案嗎？

材質選用

透過仿木紋清水模塗料作為挑高立面的設計，呼應溫暖的日式基調。

磁磚、塗料、後製清水模是居家清水模替代材

　　市面上已有多種仿清水模塗料、磁磚、後製清水模可供選擇，擁有施作方便、載重低、施工快速等優點，是居家清水模的良好替代材。尤其塗料泛用範圍廣、能創作出各種造型，亦可塗覆於櫃體，實用性高。

圖片提供©日作空間設計

必懂材質 KNOW HOW

	清水模	水泥粉光	後製清水模	磐多魔
特性	以混凝土灌漿澆置而成，表面不再做任何裝飾，呈現原始水泥質感。	最基礎的水泥工法。受原料品質、師傅經驗和施工手法影響，呈現差異較大。	混凝土混合其它添加物製成，適用於室內、外天花與壁面。	以無收縮水泥為基礎的建材。具備高硬度與抗裂性，可調入色粉配合各式設計風格。
優點	呈現一體成型的簡潔美感，無須再使用外壁裝飾材。	無接縫、可塑性高，因紋路及色澤皆獨一無二，呈現特殊質樸風格。	高度擬真的清水模質感，保證不失敗。可先透過打樣確定風格、色澤，較清水模便宜、輕巧。	無接縫、好清理、不起砂、色彩選擇多元化、具備防火性。
缺點	高度考驗施工技術，失敗只能重來。室內施工不易，價格較高。	使用日久會有變色、易裂和起砂等問題。	材質易碎，不適用地面；相較之下，沒有清水模那麼「活」。	有氣孔、易吃色、造價高。

Q161.

常聽人家說水泥砂漿比例很重要，搞不好嚴重的話會影響結構強度？

水泥砂漿比例會影響結構強度。

工法須知

水份過多會降低結構強度

打底的水泥砂漿標準配比為1：3，可視氣溫與濕度作水分調節，一旦水加太多會降低水泥強度。而粉光作為裝飾材的打底，著重於細膩平整度，水泥砂漿比例為3：1：1的細砂、水、水泥比例，須先將砂過篩、去除雜質。

片提供◎演拓空間室內設計

可塗上耐候性佳、抗UV的透明保護漆

材質選用

後製清水模若用於室外，可塗上耐候性佳、抗UV的透明保護漆，減少孔隙藏汙納垢、霉菌等清潔方面困擾，可有效延長建材壽命。保護漆隨各家廠商的配方有所不同，保固年限不一。

Q162.

後製清水模適合做在戶外嗎？耐候性夠嗎？

！ 水泥工程施工要注意

後製清水模厚度薄，約3～4mm，幾乎沒有底材限制，但是打底的平整度會直接影響結果，前置作業要格外仔細。施作與完工後要避免重物撞擊，避免龜裂損傷。

Q163.

水泥粉光地板一定都會起砂嗎？有沒有可能避免？

Q164.

想要選用磐多魔地板，但聽說光是前置作業就要花很長的時間？

材質選用

工法須知

多鋪一層EPOXY或是潑水漆

水泥粉光地板完工後出現的起砂問題，原因有很多，包括水泥與水的調配比例不佳、攪拌不均勻，如果要克服接觸時不會有灰砂，建議可鋪一層EPOXY或是撥水漆。

磐多魔施工前後需費時整地、養護

磐多魔屬於水泥基底材質，需7～8天施工期，事先需先整地，令現場沒有粉塵、碎屑才能開工，前期作業因底材而有不同，例如新完工水泥地坪得養護28天、確認完全乾燥才能施作。完畢後材質硬化需要3～7天養護，建議不要立刻入住。

從廳區地坪的淺灰磐多魔，到深灰磐多魔打造電視牆，深淺的色彩變化，呈現純淨的簡約工業調性。

圖片提供◎十一日晴空間設計

Q165.

磐多魔地板遇到脫皮、起砂，一定要拆除重新施作嗎？

Q166.

聽說後製清水模可以仿造出清水模的質感，可是會不會少了真實感？

工法須知

可注入抗裂材快速補強

可將地坪打洞再注入抗裂材料如：環氧樹脂、石英砂作結構補強，能夠有效、快速解決空鼓、脫皮問題，但此補救措施會影響磐多魔地坪長期穩定性，要特別注意。

工法須知

著色壓花、紋理修飾增加真實感

市面上後製清水模產品的「擬真感」落差很大，緣自於後續著色壓花、表面紋理修飾手法不一，過於陽春難免過於呆板、不真實。其實可利用其客製化優勢，作出各種打孔、斑駁、氣泡、溢漿等仿真修飾，豐富居家設計面貌。

圖片提供©朋柏實業

後製清水模待紋理樣式確認後，正式進行表面著色工程。

水泥工程施工要注意

1.施工前需請廠商實地評估：針對可能出現風險與底面修補程度提出專業建議。

2.需到清潔工程前再進場：後製清水模質地輕薄而脆，避免碰撞造成龜裂、損傷，最佳進場時間為清潔工程前。

Q167.

水泥、砂不會壞，所以只挑便宜的就好？

選擇保存期限三個月內的水泥產品，避免受潮問題，施工品質較有保障。

材質選用

水泥保存期限三個月

錯！水泥也是有保存期限的，因為放久會吸收水氣，影響施工效果，建議選用製造日期三個月以內的產品才有保障；砂子在使用前則是要先檢查是否乾淨無雜質。

圖片提供◎今碩室內設計

Q168.

聽說水泥施工過程要灑水養護，可以省略或是開電扇吹強風加快速度嗎？

工法須知

耐心等待自然乾燥

千萬不可以！陽光直射、吹強風導致水份蒸發太快，會讓水泥強度不足或乾縮裂縫、起砂等問題。水泥施工與硬化乾燥過程得徐徐為之，不能操之過急，保持適當溫度與濕度。

塗料工程

chapter

8

1 在重新粉刷前，一定得把牆面上原有舊漆、壁紙刮乾淨，整平表面，為後續工程打好基礎。

2 木作噴漆進行時，一定得等到每個塗層乾燥硬化才能繼續下一層動作，若遇到下雨或是接近零度的天氣，勢必得延長乾燥時間，才能保障最終結果符合標準。

3 壁面遇有油污附著，建議先打磨問題區域，爾後開始批土、同時以白色油性漆打底，徹底解決油汙問題，再開始正常粉刷程序。

4 磁性漆的磁力會隨著層數越多持續增加，漆膜厚度會直接影響成效。

5 珪藻土不適用於浴室等直接與水接觸的區域，但能吸收空氣中水份，可以調濕、抑制發霉、以及幫助游離甲醛吸附分解。

塗料施作是住宅裝修最重要的表面功夫！油漆工程進行時，不能同時安排其他工種，得確保環境整潔不飛灰塵。而且填縫、補土等打底整平工作事關重大，作不好、後續工作怎麼補救都回天乏術！另外像是特殊材質如磁性漆、硅藻土的加入，則融合可隨意揮灑的塗料特性、成為最自由的機能、環保裝飾元素。

Q169.

一底二度是什麼意思？

打底、上漆的一般基本流程

一底二度是指打底、上漆，反覆進行三次的意思，是一般常見的基本油漆流程。一底是以手刷或噴漆上漆，再運用機器大面積研磨；二度則主要使用噴漆、搭配砂紙手工打磨，讓油漆面呈現更加細膩。

Q170.

油漆工程進行時，牆壁出現一塊塊像色斑的東西是什麼？會影響後續油漆顏色嗎？

補土加入色料做標示提醒

色斑是補土加入色料造成的，目的是凸顯補土區域，提醒後續施工注意；色斑在後續上漆就會被覆蓋，無須擔心。不過要提醒的是，補土會比較花時間、以及費用較高，但可以確保表面的平整度。

補土加入色料，可達到標示提醒作用。

Q171.

磁性漆只要刷一道就有效果？

工法須知

最少兩道、越多層磁性越強

　　至少要塗刷兩道以上才有吸附磁力。磁性漆的磁力會隨著層數越多持續增加，漆膜厚度會直接影響成效。除了要預先處理好底材外，建議使用滾輪塗刷可讓塗料得以均勻分布。刷完一次磁性漆之後至少要等待4小時以上的乾燥時間，才能進行第二次塗刷，若是氣候潮濕，等待時間需要更久。

圖片提供◎台灣富洛克

磁性漆可用滾輪操作，先以 V 字形刷過一遍，讓塗料能均勻分布在每個區域。

Q172.

搬進新家不久，木作貼皮書桌出現局部褪色情形，是施工品質問題嗎？

監工驗收

加裝遮光簾解決

　　極有可能在施工期間或是入住後，臨窗桌面放置物品、受到陽光長時間照射造成，只能將桌面重新進行噴漆才能徹底解決。因此噴漆木作傢具除了在施工期間要嚴禁放置物品外，也建議加裝窗簾、解決紫外線直射造成的褪色問題。

圖片提供©思維空間設計

塗鴉牆是住家中常見壁面裝修手法，可透過顏色調整、搭配磁性效果，使其表現更加多元。

Q173.

塗鴉牆想要有吸鐵的功能，可以怎麼做？

工法須知

磁性漆→補土→黑板漆

　　想同時兼具黑板與磁性兩種功能，要先刷磁性漆、再刷黑板漆。其中需格外注意的是，因為磁性漆完工表面會不平整，得先進行補土、整平表面，之後再進行黑板漆工序。

Q174.

黑板漆刷完可以直接使用嗎？

至少要等12～24小時

不能！塗刷完畢後得等至少12～24小時確定乾透後才能使用，更建議讓牆面持續靜置2～7日，讓成分更穩定、提升整體質感與效果。此外，黑板漆盡量不要用在金屬與玻璃表面，因其無法完全吃色關係，效果會打折扣。

黑板漆施工後建議靜置幾天的時間，可以更後續使用更穩定。

圖片提供©森境&王俊宏室內裝修設計

Q175.

師傅一直推薦用礦物塗料，但是價格感覺有點貴，礦物塗料的優點是什麼？

材質選用

耐高溫、耐潮濕，色彩歷久彌新

礦物塗料是以天然礦物石成分製成，依據不同品牌，加上「矽酸鉀溶液」或「矽酸鹽」等調和而成，不含甲醛、防腐劑，VOC（總揮發性有機化合物）含量低，使用在室內不會產生塑化劑等揮發劑等危害健康的有毒氣體。礦物塗料顏色多種，而且遮蓋性及透氣性好，也因為礦物成分含有穩定因子，有耐高溫、耐潮濕、不易褪色的良好特性。

> **！ 材質選擇 KNOW HOW**
>
> 成份含有天然礦物石，因此塗刷後表面仍有微細的礦物顆粒質感，並非完全光滑平面，相較一般乳膠漆每公升大約是NT.250～450元，室內用的礦物塗料每公升大約在NT.800元左右。

Q176.

礦物塗料施作上會比較花時間嗎？有沒有可能一天完成？

工法須知

底塗、面塗都要靜置至少12小時

礦物塗料施工與一般塗料的前端作業沒有差異，同樣必須先處理牆面的原有問題，塗佈施工時可以用羊毛或是尼龍短毛滾輪(但不可使用海綿滾輪)或噴塗方式施工，滾輪施作時，須以Y字行進行滾輪施佈，切勿直上直下塗刷，避免乾溼接縫過於明顯。而不論是採用哪種塗佈方式，第一度底塗及第二度面塗施作完成後都必須靜置至少12小時，確認礦物塗料與基材產生矽化作用完全結合。

Q177.

監工時發現師傅在乳膠漆內加水稀釋，這樣是偷工減料嗎？是否會影響效果？

監工驗收

適量水幫助上漆更滑順、不留刷痕

在使用水泥漆、乳膠漆時，本來就會加入適量水份，使其不會過於濃稠、上起漆來會更滑順，最重要的是可減少刷痕產生。加水要視氣候、濕度調整，如果太稀會導致最後漆膜過薄會透出底漆。

Q178.

既然珪藻土可以調節濕度，那適合做在浴室嗎？

材質選用

可吸附濕氣、不能長期接觸水

珪藻土為多孔質，能吸收空氣中水份，可以調濕、抑制發霉、以及幫助游離甲醛吸附分解，要注意的是，珪藻土不建議塗佈在淋浴間，是因為材質特性、遇水容易還原的緣故，不過能塗覆於乾濕分離的乾區，有優良的消臭、脫臭效果。

珪藻土可幫助調節濕度，但切記不能用於直接接觸水的地方。

Q179.

水泥漆牆面可以直接上珪藻土嗎？

直接塗佈即可

珪藻土施工的時候，絕對不能倒入其他油漆一起混合施工，如果原本牆面已經有一層水泥漆或是乳膠漆，是可以直接刷珪藻土的，但如果有壁癌必須先處理，也不能塗佈在光滑表面上。

Q180.

聽説珪藻土施工要有一定的厚度才有效果，是這樣嗎？

塗刷厚度最好達到2～4mm

珪藻土施工時，塗刷厚度要達到2～4mm，不能摻入任何其他油漆混合，可以直接覆蓋在已經刷好水泥漆、乳膠漆的牆面上。同時施工前要整平表面，牆面濕氣過重、有壁癌要先處理好才能施工，也不建議塗在玻璃磚等表面光滑底材上。

圖片提供©法思珪藻土

珪藻土不能加入其他漆種攪拌塗刷，以免阻塞孔隙、失去調節濕度能力。

Q181.

重新粉刷時,要怎麼抓出家中該用多少罐油漆?

監工驗收

地板坪數乘以3.8約等於天花與牆面面積

將地板坪數面積乘以3.8 倍,即能約略計算出天花板與牆面的塗刷面積量。單刷牆面則只需乘上2.8倍。最後再依照選定油漆產品的油漆消耗量,就能大略算出需要多少油漆。其中窗戶大小也會影響油漆消耗多寡,家中是落地窗設計,可以酌量減少油漆量。

Q182.

水泥漆刷好後出現刷痕、牆與門窗連接處色塊不均等現象,這算是施工不良嗎?

監工驗收

使用遮蔽膠帶＋調好漆料濃度,避免產生刷痕

出現刷痕可能是指刷一層漆或是漆摻水摻不夠,導致太濃稠的關係;而牆與門窗之間的不均勻色塊則可能來自於遮蔽的養生膠帶沒有黏好,漆在這部分細節的塗抹分佈不夠均勻的關係。

當兩面牆不同色也會使用遮蔽膠帶、避免沾染,貼膠帶時要沿牆面精準貼覆,以免牆與牆接縫處色塊歪斜。

圖片提供◎實適空間設計

Q183.

油漆都刷好了，牆壁竟然還看的到小釘痕，為什麼會這樣？

監工驗收

上完底漆後，用工作燈側面打光，是能檢驗牆面是否平整最重要的步驟。

前期批土、填縫務必確實

中古屋牆面比較多這種坑坑洞洞的使用痕跡，像裂縫、剝落凹洞等等，最根本的處理方法就是做好一開始整平表面的泥作打底工作，徹底刮除壁紙、舊漆料，填補縫隙，會讓後續施工事半功倍。如果已經進入油漆階段，得仔細用樹脂填滿縫隙、批土填縫，才開始刷漆。

圖片提供©今硯室內設計

Q184.

油漆過後沒幾個月，牆面居然已經出現漆膜起皮凸起？

監工驗收

異物、油汙、壁癌都會影響油漆效果

原有舊牆面上頭的異物、油汙、甚至壁癌都會導致此現象。所以事前整平工作一定要確實，一般的平面髒汙可以不用管，但油汙得徹底刮除水泥層，漏水、壁癌問題則須先抓漏、做好防水再開始粉刷。

Q185.

重新粉刷廚房，一段時間後天花浮現泛黃汙漬，是油漆不夠厚導致嗎？

被油煙燻黃的天花、壁面，打底時就一定得先打磨、上油性底漆，才能根絕油漬問題。

先打磨、再覆蓋油性底漆才能根治

不是的。家中廚房、神明廳因為油煙、薰香關係，天花牆面容易吸附油汙、焦油，這會導致批土與油漆無法緊密附著，進而影響最終效果。建議先打磨問題區域，爾後開始批土、同時以白色油性漆打底，徹底解決油汙問題，再開始正常粉刷程序。

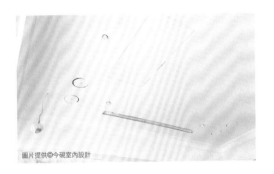

圖片提供◎今硯室內設計

Q186.

為何看到施工人員在玻璃溝槽處刷漆？有什麼作用？

在玻璃溝槽、人造石底部等處作填色處理，有效隱藏細節瑕疵。

填色處理避免凸顯細節瑕疵

圖片提供◎演拓室內室內設計

這是為了避免玻璃折射，凸顯溝槽黑影、瑕疵所作的填色處理。在玻璃溝縫、人造石底部、木作內嵌玻璃等接縫處，都會刷上與周遭建材同色的漆，避免細節影響整體美觀。

Q187.

木作噴漆完工後，表面竟然有反白和起皺的現象，怎麼會這樣？

木作噴漆前先進行打磨，有助於表面平整與漆料吃色，噴塗後得等塗層徹底乾燥。

噴漆塗層須乾燥

應該是噴漆塗層還沒乾透就繼續施作所造成結果。木作噴漆進行時，一定得等到每個塗層乾燥硬化才能繼續下一層動作，如果遇到下雨或是接近零度的天氣，勢必得延長乾燥時間，才能保障最終結果符合標準。

圖片提供◎今硯室內設計

Q188.

天花板進行油漆粉刷不會到處滴嗎？有沒有省力快速的好方法？

噴漆施工迅速，漆膜也可以比較光滑沒有瑕疵。

天花板用噴漆最省力

建議請專業師傅用噴漆方式省力又快速。不過因為是用高壓噴漆器施作，需注意周遭傢具、櫃體要妥善包覆，避免被飄散在空氣中的油漆微粒汙染。

攝影◎蔡竺玲　設計施工◎摩登雅舍室內設計

Q189.

牆面想要重新刷漆，原來的漆面需要刮除嗎？

工法須知

牆面重新刷漆之前，要先處理整平凹洞，後續也建議做好全室批土、補土。

重新刮除舊漆、壁紙整平表面

在重新粉刷前，一定得把牆面上原有舊漆、壁紙刮乾淨，整平表面，為工程打好基礎才能事半功倍！周遭環境如傢具、地板、窗戶、甚至開關、門框，最好都用防滲透、不殘膠的養生膠帶妥善遮蔽，減少油漆溢流弄髒汙染，同時令收邊更加精準、美觀。

圖片提供©今硯室內設計

Q190.

反正底漆看不見，選便宜的就好？

材質選用

打底影響成敗需更講究

底漆就如同化妝打底，影響後續油漆效果，可選擇專用底漆，也可直接用水泥漆打底，而且正因為看不見，得格外與工班講定品牌，同時確定師傅使用，保障施工品質與預算相符。

125

門窗工程

chapter
9

關鍵施工
TIPS

1　套窗前要先確認舊窗本身沒有漏水問題；套窗後框架鋁料會加寬，相對減少玻璃面積，要有視野縮小的心理準備。

2　為了避免日後強風吹襲，窗戶出現風切聲響，要請師傅完工後鎖好止風塊。

3　施工期間，落地窗下方鋁料需使用厚板保護，也可加裝夾板作斜坡、方便建材運送進出，減輕框架受力。

4　固定窗戶除了灌漿，還得用鋼釘打入牆面固定，下釘位置更要等距打入，避免窗框受力不均導致變形。

5　立窗有時會利用木塊作外框墊料，用意是在沒有灌漿前保持框架穩定、水平作用，記得在塞水路前清除乾淨，以免與泥漿混合後，時間久了腐爛形成空洞。

開窗是住家防護第一線，是天天都會接觸的機能設備。大門、窗戶要能守住門戶、承受風雨侵襲，所以施作時要注重防水與結構強度，堵水路、電銲點間距、矽利康留縫都要確實做好。室內門片則要好用順手，五金細節、門框高度都得仔細計較，務求日後使用不卡卡，做好區隔空間的機能角色。

Q191.

聽說換窗戶不一定要大動工程，也可以用直接包框的方式，這是真的嗎？

工法須知

套窗前要確定沒漏水

不想大動土木，套窗方式的確是另一種選擇，也可避免外牆找不到相同磁磚問題。不過要先確認舊窗本身沒有漏水問題，否則套窗只是治標不治本；以及套窗後框架鋁料會加寬，相對減少玻璃面積，要有視野縮小的心理準備。

圖片提供◎演拓空間室內設計

門窗工程必懂監工細節

TIPS

1.確保套窗新框水平、垂直穩定

2.置入玻璃後，周圍縫隙是否用矽利康填補確實

3.安裝完畢後，關上窗戶細聽是否有風切聲，若有得請師傅調整五金。

套窗後框架變寬，相對會減少玻璃面積、視野變小。

工法差異比一比

施工法	濕式施工	乾式施工
特性	以水泥砂漿固定窗框，並填塞水路	不用拆除舊框，也無須用到水泥，可直接包覆在舊窗上施作
優點	拆窗後施作可解決漏水或窗框歪斜的問題	施工快速
缺點	施工時間較長	若原本窗戶有漏水或歪斜問題無法解決

Q192.

明明才剛換好新的窗戶，怎麼一直聽到有風吹聲？是沒裝好嗎？

Q193.

裝潢到一半，發現出入口的新落地窗無法正常開關！到底是什麼原因造成的？一定得重裝嗎？該如何避免？

落地窗下方鋁料需使用厚板保護，也可加裝夾板作斜坡、方便建材運送進出，減輕框架受力。

止風塊沒鎖緊出現小縫隙

　　新窗出現風吹口哨聲有可能是止風塊沒鎖好。施工時師傅有時為了讓屋主日後洗窗好拆卸，會不鎖止風塊，就形成窗戶縫隙而有風切聲出現，有時也會導致水滲入室內，建議平常還是鎖上為宜。

框架底板要用厚材加強保護

　　可能是底板保護沒作好，被工程機具壓壞了，建議直接重裝。由於鋁窗工程通常與泥作同時進行，所以會在裝潢前期完工，此時要用堅固厚材加強保護，窗框保護紙也先別拆，不然施工期人員、建材、機具頻繁來回踩踏、碾壓，難以保證窗框不變形。

圖片提供◎今硯室內設計

門窗工程施工要注意

落地窗重量重、窗面受風壓也比一般窗大，須格外注意結構強度，固定膨脹螺絲焊點間距為30公分～45公分為佳。若為較寬的12公分框架，則建議一個固定片焊兩個膨脹螺絲更穩固。

Q194.

窗框與牆壁之間，光用水泥砂漿填滿就夠穩固了？

窗框下釘得等距打入，避免受力不均問題。

工法須知

等距打入不鏽鋼釘

　　除了灌漿，窗框還得用鋼釘打入牆面固定才行。鋼釘需選擇不鏽鋼材質，避免日後生鏽與水泥層產生縫隙而漏水；下釘位置更要等距打入，避免窗框受力不均導致變型。

圖片提供◎今硯室內設計

Q195.

落地窗保護紙經過漫長施工期早已沾滿泥砂，完工後要趕快拆除，檢查是否壓壞？

工法須知

由上而下拆保護紙，避免刮傷表面

　　落地窗保護紙拆除要先從上方橫料拆起，接下來為兩旁立柱、最後才是下方軌道，避免紙上附著砂粒、粉塵隨著拆除動作掉落框架內難以清除。割開保護紙時也要小心劃傷表面、留下刮痕。

Q196.

門窗做完外框不是接著套內框嗎？師傅怎麼說還要等幾天？

工法須知

濕式施工需3～7天水泥乾硬才能上內框

　　乾式施工的確是裝完外框就可以接著上內框，但假如是濕式施工，因為是以水泥砂漿固定，若馬上套內框，會使窗體太重而下沉位移，因此需等水泥乾硬後再施作。通常約是3～7天，晴天大約是3天左右，若遇雨天，等待時間會更久。

Q197.

新成屋的木作門片總得拉一下才能關緊實在很煩人,是用的五金有問題嗎?

Q198.

怎麼剛裝好的窗戶看起來卻有點歪斜?是哪個施工環節有問題?

監工驗收

工法須知

受口與鎖舌需調整一致

門框的受口與門片鎖舌沒有對準,門就關不緊,兩者需調整一致才能開關順暢。門的鎖件雖然在龐大裝潢工程項目中是微末細節,但住進去後天天都會接觸,所以一定得仔細檢查。

需確認固定片的施作密度

門窗安裝除了前期需要以雷射水平儀確認外框的水平、垂直和進出線之外,如果是採用固定片的固定外框方式,每個固定片之間必須要有一定的間距,不能太寬,尤其是位於上方的固定片密度如果不足,有可能會造成框料下垂,影響水平與窗體的支撐強度。

但如果是採用電銲立框的方式,將膨脹螺絲鎖在結構體之後,再以電焊的方式焊接固定片與外框,此時也須確保水平位置不會位移,並加強外框強度。

門窗工程施工要注意

立窗時可能會利用木塊作外框墊料,目的是在沒有灌漿前保持框架穩定、水平作用,記得在塞水路前清除乾淨,以免與泥漿混合後,時間一久腐爛形成空洞。

廚房 & 衛浴 工程

chapter
10

廚房工程除了須因應電器設備做好配電規劃之外，廚具、設備的安裝也是一大重點，櫃體垂直水平是否有一致，廚櫃下櫃施工時要注意排水管線、瓦斯管線的出口，吊櫃則是要注意承重力，另外也要確認檯面組裝好的密合性。而衛浴工程面臨的設備安裝種類更多，馬桶又分乾濕式施作，面盆更是要注意與牆面、櫃體的銜接是否牢固，上述不僅影響居住的舒適與否，也關乎安全性，因此施工驗收時都要格外小心每個環節。

關鍵施工
TIPS

1 廚具吊櫃安裝有懸吊器、傳統式安裝，傳統安裝是在牆上釘底板，再把吊櫃固定在底板上，提高承重力，懸吊器的作法則是以懸吊器取代底板，安裝速度快，但櫃體和天花之間必須留 2～3 公分的縫隙。

2 風管線的距離最好不要超過 5m，管線越長反而會影響排風的效能，且管線也儘量不要有過多的彎折，如果有大樑經過，建議可降低高度去做設計。

3 廚房檯面、水槽施工要注意彼此的接合是否密合，若都是相同材質可做無接縫設計，水槽裝好後可以注滿水位，讓矽利康的密合性更好。

4 馬桶施工有乾式施工、濕式施工，乾式施工的安裝方便快速，日後若管線有問題也可以直接拆下檢查，但安裝時也要注意避免破壞到管線，濕式施工則是利用水泥砂漿固定馬桶，施作時要避免水泥砂漿污染管線造成堵塞。

5 面盆安裝記得確認水平，並且加強支撐結構，排水管的口徑也須與面盆交接處吻合，否則易造成日後漏水。

Q199.

整修廚房的時候，水槽跟瓦斯爐的距離得設定多遠才好用？

工法須知

60公分以上較安全

　　水槽、瓦斯爐一般建議設定是80公分左右，如果廚房較小，也應保留60公分比較安全，預留適當的使用空間，會讓日後烹飪過程更加順手與安全。

Q200.

排油煙的鋁管可以隨意彎曲，所以遇到樑繞過去就好？

工法須知

降低天花板或用櫃子遮蔽管線

　　千萬不可！如果廚房遇到大樑，有幾種解決的方式，一種是降低天花板，加大與樑之間的空間，就能讓風管順暢彎曲、排除油煙，或者是利用櫃子遮蔽管線，否則風管一旦被擠壓、彎折，就會減損抽風的效果，而且假如順著樑折成U字型，油污反而會累積在底部，油煙堵住排不出去。

排油煙機的風管切忌彎折設計，遇到結構問題可用櫃體修飾。

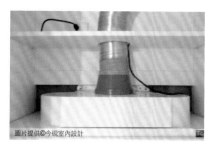

圖片提供©今視室內設計

Q201.

水槽裝好之後，師傅要我裝滿水測試，但這樣不會影響結構性嗎？

注水下壓讓水槽密合性更好

　　這是正確的！安裝水槽的時候，水槽四周會打上矽利康，安裝水槽後將水槽注滿水，則是為了要利用水的重量將水槽往下壓，這個動作反而可以幫助水槽與檯面的接合更為緊密。

攝影©蔡竺玲

水槽裝好後可以注水讓接合性更好。

  廚房 & 衛浴工程必懂監工細節

　　水槽安裝好之後也要測試排水功能是否順暢，可利用灌水確認排水速度，並檢查水槽側邊的防水橡膠墊、止水收邊等處有無確實施作。

Q202.

廚房吊櫃安裝完成，看起來卻有點歪斜不平整，該怎麼解決？

監工驗收

雷射水平儀＋懸吊器調整

　　廚櫃的吊櫃安裝步驟是先在牆面安裝掛件，確認掛件的高度和距離是否正確，接著將懸吊器與掛件鑲嵌，將吊櫃安裝到牆面，並利用雷射水平儀確認桶身左右高度是否有一致，如果發現有誤差，就可以馬上利用懸吊器進行微調。

設計施工◎日作空間設計　攝影◎吳安

安裝吊櫃要確認掛件高度和距離，也要注意桶身左右高低是否一致。

 廚房 & 衛浴工程施工要注意

 如果吊櫃有配置電源線，記得事先在桶身切割出電線出口，才能妥善隱藏好電線。

Q203.

鋁框淋浴拉門裝好之後,怎麼推起來卡卡的很不順?

監工驗收

檢查接合點以及軌道潤滑性

鋁框式的淋浴拉門,靠的是軌道與滑輪五金來移動,安裝時需注意接合點和軌道的潤滑性,如果推起來卡卡的,有可能是軌道施作不確實,可請施工人員進行調整。

Q204.

廚房移位之後,離後陽台好遠,排煙管該怎麼設計,才能讓油煙順利排出?

監工驗收

超過5m加裝中繼馬達

舊屋翻新經常遇到廚房格局變更,導致必須一併更改排油煙機的位置,此時要注意風管的長度不可超過5m,如果超過的話,則需要安裝中繼馬達,才能維持排風效果,不過要提醒的是,變頻式排油煙機無法安裝中繼馬達,要改用定頻式。

 廚房 & 衛浴工程施工要注意

如果更換排油煙機,風管也一定要換新,若風管路徑較長,也建議改用PVC材質,因為鋁管一旦拉長就會有下垂的問題,最終造成油污堆積。

Q205.

安裝浴室暖風機，要裝 110 還是 220 伏特的機型？耗電量有差別嗎？

設備評估

220V加熱效率較佳且穩定

市面上的浴室暖風機分為110、220電壓可選擇，很多人會以為110V的耗電量較高、220V只有一半的耗電量，所以購買220V的會比較省電，但其實電力公司的電費計算方式是以消耗功率，也就是瓦數來計價，因此使用110V和220V機種的暖風機電費是一樣的。簡單來說，220V的電流較低負載少，自然比較穩定且加熱效率好，兩種電壓選擇都可以，可視現場環境評估。

Q206.

浴室明明有裝抽風機，為什麼還是聞得到異味？

監工驗收

檢查是否有漏洞、排氣管有無接到管道間

可以先檢查天花板以上的管道間，是否有造成臭氣溢出的漏洞，如果有漏洞就要先填補，如果只是小洞，可以用發泡劑和矽利康灌注填補，洞口若比較大，則要以磚塊、水泥填補，確實封好才能徹底隔絕異味。另外一種可能是抽風機的排氣管沒有套管固定接至管道間，此時只要落實接管動作便可改善。

排氣管沒有接妥的話，可以在天花板開施工孔，把縫隙填補好即可。

圖片提供◎演拓空間室內設計

Q207.

暖風機到底應該裝設在乾區還是濕區？

暖風機建議裝設在乾區，暖房和乾燥效果最佳。

裝設於乾區暖房效果佳

舊屋翻新或是新屋改造，衛浴空間多半都已經是乾濕分離的設計，很多人會以為把暖風機裝在淋浴間，除濕效果最好，其實這是錯誤的！正確的安裝位置應該是規劃於乾區，同時將出風口對著淋浴間，這樣獲得的乾燥、暖房效果最好，平常如果只是要讓淋浴間乾燥，只要打開淋浴門即可，而若是將排風口安裝在馬桶上方，則是可以排除浴室異味。

圖片提供©尚藝&王俊宏室內設計

Q208.

暖風機也需要預留獨立的電源嗎？能不能接浴室既有電源？

須使用專用迴路

居家電器包含冰箱、烤箱、微波爐、暖風機等都是屬於需要使用專插的大負載家電，以浴室暖風機來說，並不適合直接接浴室的既有電源，而是需要規劃專電，以110V的電流來說約為12安培、220V的電流大約是6安培，必須設立專用迴路，且專用迴路也應使用2.0以上的線徑，避免負載過重發生跳電的危險。

Q209.

馬桶安裝有分乾式施工跟濕式施工，這二種有什麼差異呢？

工法須知

乾式施工快速、濕式施工維修不易

所謂濕式施工就是以水泥固定馬桶的做法，沿著馬桶範圍鋪上1：3的水泥砂漿，馬桶與糞管緊密黏靠之後，再透過校正馬桶水平，清理接縫處多餘的水泥砂，施工時間較長，日後維修較不易。乾式施工則是利用鎖螺絲的方式固定馬桶，再以填縫劑填補馬桶與地面間的縫隙，所以施工時間快速簡便，且日後如果馬桶或管線塞住時，割開馬桶與地面周圍的矽利康就能進行維修。

攝影©許嘉芬

馬桶採乾式施工，接縫處會以矽利康銜接固定。

工法差異比一比

施工法	注意事項	
乾式施工	馬桶底座的排便孔外側須確實安裝油泥。	安裝馬桶時要注意鎖螺絲時避免破壞水管。
濕式施工	施作時應避免水泥污染糞管，造成日後堵塞。	

Q210.

磁磚牆面可以直接貼烤漆玻璃嗎？

工法須知

拆除重貼的附著性較好

一般來說是可以的。不過因為烤漆玻璃的黏著劑不是全面性的塗佈，而是在四個邊緣施作，中間較無法與舊有磁磚牆面達到良好的貼覆性，時間一久恐怕會產生水氣，因此還是建議拆除重貼。

Q211.

浴室安裝給水五金設備時，施工需要注意哪些事項？

工法須知

確實灌注、填補矽利康

在安裝淋浴或浴缸的給水設備之前，除了要先在壁面與給水出口處打入矽利康，裝設浴室配件鑽洞後，也要在洞內灌注矽利康，避免日後發生滲漏水的問題，而出水口和磁磚之間的縫隙也要填補矽利康。

圖片提供©演拓空間室內設計

Q212.

淋浴龍頭裝好之後，卻不斷有小水流滲出，怎麼會這樣呢？

監工驗收

龍頭與出水口的連接處以利用止洩帶和矽利康加強密合。

止洩帶＋矽利康加強密合

安裝龍頭主體的時候，有兩個地方需要特別注意可能造成漏水，一個是龍頭與出水口的連接處，這邊要在S彎頭纏上止洩帶後接牆，除此之外，出水口處也建議再以矽利康補強，就能防止產生縫隙漏水。

圖片提供◎尚藝空間設計

Q213.

浴室裝好抽風機卻發現不夠力，是排風管還是管線安裝有問題嗎？

監工驗收

檢查管線是否確實連接

浴室是家中最潮濕的地方，能否通風顯得格外重要，因此有許多人會選擇安裝抽風機加強乾燥，避免細菌滋生。出現抽風機不夠力，但機器主體運作正常的話，不妨將管線重新連接，並且確認銜接處是否有密封確實，機器應該就能正常運作。

Q214.

常聽新聞報導面盆發生意外，要怎麼確保安裝是穩固安全的呢？

工法須知

加強支撐結構才安心

　　面盆有分為壁掛式面盆、與櫃體結合的面盆設計，壁掛式的面盆必須仰賴底端的支撐點，因此務必注意螺絲是否有鎖得牢固，除了要確實打入壁虎，牆面本身的結構性也非常重要。假如是與櫃體相嵌的面盆，則是要注意平台是否平穩牢固，再分別在檯面和面盆底部塗上矽利康，將面盆放在檯面上固定，最後清除多餘的矽利康。

與櫃子鑲嵌的面盆，要確認櫃子的固定是否確實，以及安裝位置的深度是否足夠。

設計施工©日作空間設計 攝影©蔡竺玲

! 廚房 & 衛浴工程必懂監工細節

TIPS

面盆的理想高度，建議是以面盆上緣為基準，離地大約85公分，使用時才不會吊手，水流也才不易順著手臂滑下。

空調工程

chapter

11

關鍵施工
T I P S

1 壁掛機體與天花至少需留 10 公分迴風空間才行，若是冷氣噸數越大，記得預留迴風空間也要隨之增加。

2 維修孔位置要開在機板、馬達附近，若太接近牆壁就得移位，開孔尺寸需配合機器大小，建議找原廠定期保養。

3 室外機懸掛外牆要記得先安裝安全角架，穩固支撐機體重量，同時為了方便空調工班安裝維修，需加裝維修籠。

4 室外機放置於室內陽台時，機體與牆面至少要保留 15 ～ 20 公分，或是將風口朝外，同時架高處理，以不阻擋散熱範圍為首要原則。

5 管線應該在 20m 以內才足以保持冷媒效率，尤其室外機離室內機越近越好。

空調工程包含一系列設備選擇、空間規劃、管線配置等步驟，在裝潢排序上為了能妥善隱藏收整各種機體線路，需先於木作工程進場前進行。在不影響美觀與居住者活動舒適性的前提下，如何巧妙調整天花高度、出風與迴風口的開孔方向，馴化無形的氣流，達到最佳循環效果，才是決定空調工程成敗關鍵。

圖片提供＿實適空間設計

Q215.

冷媒管的距離究竟應該在多少之內才正確？

冷媒管不宜拉太長，否則會影響效能。

工法須知

冷媒管最多不要長於20m

管線應該在20m以內才足以保持冷媒效率，尤其室外機離室內機越近越好！為了遷就室內裝潢美觀，冷氣管線常常得繞過浴室、廚房等處，因為這些地方有作天花設計、方便藏管線，導致有時讓管線過長或是轉太多彎，這些都是影響冷氣效率的原因。

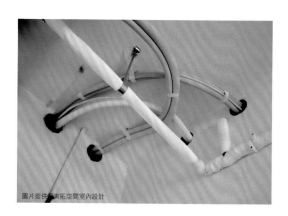

圖片提供◎演拓空間室內設計

Q216.

舊冷氣管線看起來還很新，為了不浪費，把管子留下來裝在新冷氣上，可以先用一陣子再換新？

設備評估

管線、機器得全面換新

這是不對的喔！當更換新冷氣時，無論機體、冷媒管都要隨之更換，因為冷媒規格不斷更新，新冷媒的壓力會大於舊的，管徑厚度也不同，所以千萬不要用舊管裝新冷氣，避免因小失大。

Q217.

大樓窗外有小陽台，室外機塞在裡面剛剛好？

工法須知

室外機利用安全角架裝設於陽台女兒牆上方，背面朝外，達到有效散熱目的。

架高於女兒牆上方是良策

絕對不可以！室外機不單只需要一個穩固的放置處，更要求散熱效率，而且日後機體運作起來，與地壁更會產生振動噪音，因此，與其把機體放在陽台裡頭，更建議把機體放在女兒牆上，輔以安全角架，兼顧散熱之餘，更方便日後維修工作。

照片提供©介硯室內設計

Q218.

室外機的散熱空間應該留多少？

工法須知

要與牆面保持15～20公分間距

放置於室內陽台時，室外機與牆面至少要保留15～20公分才夠或是將風口朝外，同時架高處理，以不阻擋散熱範圍為首要原則。

！ 空調工程施工要注意

如果室外機沒有足夠散熱空間，會使熱空氣在局部空間進行短循環，時間一久便會造成機體溫度過高，影響壓縮機運作。

Q219.

吊隱式冷氣藏起來感覺比較美觀，每個住家都能這樣裝嗎？

設備評估

2米6原始樓高才建議裝設

　　並不是每間房子都適合做吊隱空調。最好原始樓高超過2米6以上才考慮安裝吊隱式冷氣，避免覆蓋天花後顯得樓高過低產生壓迫感。吊隱式冷氣最吸引人的就是沒有與整體裝潢氛圍格格不入的機體，但相對得犧牲樓高裝設天花才能藏得住功率高的龐大機體。

圖片提供©今硯室內設計

吊隱式主機相對要預留更大的空間才能規劃。

 空調工程施工要注意

吊隱式室內機需在天花板內留下比機器本身大約1.3倍的空間，以期減少共振噪音與難清潔的縫隙等問題發生。

Q220.

壁掛式冷氣的機體正確安裝位置應為何？

工法須知

上方與前方都要保留適當空間

　　壁掛式冷氣機體與天花板距離應保持至少10公分以上，前方則要留35公分以上的空間，避免任何阻擋空氣對流阻礙，並令四周擁有適當迴風空間。空調工程進行之前，應請專業空調公司團隊現場評估，包含坪數大小、空間多寡、開窗數量位置、日照方向等影響要素，再與設計師進行機體位置安排的最終討論。

壁掛式冷氣前方不能有任何阻擋。

圖片提供©今硯室內設計

！ 空調工程施工要注意

1. 壁掛室內機是在木工退場、油漆工程即將結束前進行裝置作業。
2. 要注意與天花保留適當迴風空間。
3. 前方保持35公分淨空。
4. 確認圖面對照步驟是否正確。

Q221.

高樓住家沒有陽台，擔心室外機裝設不好會有墜落危險，該怎麼安裝才正確？

工法須知

維修籠和角架裝設，提升室外機的安全性，也便於日後維修保養。

加裝安全角架、維修籠

　　沒有陽台，裝設在外牆是一種選擇，但機體懸掛外牆時，要先安裝安全角架，穩固支撐機體重量，同時為了方便空調工班安裝與維修，需加裝維修籠。

圖片提供◎今硯室內設計

！ 空調工程施工要注意

若機體懸掛處位於棟距接近的小巷弄中，更要注意錯開鄰居窗戶；機體本身得加裝導風板，將熱氣導向合適方向、幫助散熱。

Q222.

壁掛式跟吊隱式空調有什麼不同？

設備評估

最大差異在於室內機外露或隱藏

兩者最大差異在外觀、出風口與可否自行清潔。壁掛式室內機裸露在外，風口的出風方式可透過遙控調整，自己也能進行簡單清潔；吊隱式室內機體藏於天花板內，保留簡潔外觀，但出風位置得預先安排好、無法自行調整，清潔也需請專業廠商處理。

Q223.

冷氣裝好後，在其他裝修工程進行時要注意些什麼？

工法須知

阻絕天花縫隙、養生膠帶包覆室內機

若空調先於其他工序前完成，一旦遇到粉塵四散的工程，例如油漆打磨期間，千萬記得把所有天花孔洞都封住，同時以養生膠帶妥善包覆室內機，避免粉塵透過任何孔隙進入室內機內部，即可有效避免日後運轉時因吸入粉塵、阻塞排水管等問題。

 空調工程施工要注意

1. 擬定妥善施工計畫，預留管線路徑、設備位置、維修開口。
2. 需木工、水電與空調工班一起協調施作，尤其空調要早於木作前進場，才能妥善將管線藏起來。

Q224.

為什麼裝設空調設備時，師傅非得要在外牆打一個洞？

工法須知

銑洞是為了將室外機冷媒管連進室內機

這就是俗稱的銑洞，即在外牆鑽孔，主要是走冷媒管而進行。因為舊房子沒有預留或是新成屋有留、但位置不符需求，都得進行這道工序。銑洞通往戶外的管道出口，可增加紗網阻絕蚊蟲進入室內，但每隔一段時間要清潔、檢查，避免影響出風或抽風效果。

圖片提供◎演拓空間室內設計

銑洞需依照外低內高原則，同時於外側加裝管帽，避免日後雨水倒流問題。

> **! 空調工程施工要注意**
>
> 銑洞時需注意鑽洞位置附近是否內藏管線，同時掌握外低內高原則、配合加裝管帽等細節，避免戶外雨水流進室內。

Q225.

挑冷氣要如何根據室內坪數挑選適當噸數？

設備評估

隨西曬、挑高等影響因素上調噸數

空調噸數除了以坪數當作基準外，還得參考其他影響因素，例如：挑高、西曬、頂樓等，尤其超高空間是以容積而非坪數來計算所需噸數。

冷房能力為kw，1kw=860kcal=3440BTU，1坪約使用0.58kw，若有上述影響因素要再增加0.3～0.5kw，再依照坪數換算所需噸數。

Q226.

裝好壁掛式冷氣一陣子之後，覺得冷氣不冷，後來才知道居然發生冷媒外露，怎麼會這樣？

工法須知

確認銅管焊接的密實度

銅管焊接後，可以在焊接處塗上肥皂水或是清潔劑，接著將銅管跟冷氣高低壓表的外接銅管作焊接，觀察冷氣高低壓表，同時檢查焊接口是否有泡泡出現，藉此確認焊接口的密實度，就知道有沒有漏氣的問題。

Q227.

吊隱式冷氣為什麼需要有迴風口？

通常與出風口相對、進行空氣循環

空調需依靠空氣循環讓溫度降低，所以冷氣有出風口就得有迴風口，兩者距離不能太近，以免冷氣才吹出來還沒下降就被迴風口吸走，影響冷房效率。出風口設置的訣竅是：出風方式分為下出下回、側出側回、側出下回等，由於風口為線性設計，因此出風口和回風口的常見配置位置為側出要平行下回或平行側回、下出則在對面下回。

圖片提供©演拓空間室內設計

獨立迴風口是目前吊隱式冷氣最常使用的迴風設計。

設計差異比一比

種類	特性說明
出風口兼迴風口	長度需夠長，可出風後再迴風
獨立迴風口	通常設計與出風口相對側
維修孔兼迴風口	雙機能但不美觀，居家設計少用

Q228.

壁掛式冷氣只要預留出風口，機體用木作藏起來也沒關係？

工法須知

一定要預留主機上方迴風空間

　　盡量不要！由於壁掛式冷氣常見為上迴風設計，機體本身是由上方的西風口感應室內溫度再進行調節。若迴風空間不足甚至遭阻擋，空調本身會因吸入附近的冷空氣而誤判室內溫度，導致空間永遠無法達到設定冷度，冷氣形同虛設。所以除了千萬別用木作包覆隱藏壁掛冷氣外，機體與天花至少需留10公分迴風空間才行，若是冷氣噸數越大，記得預留迴風空間也要隨之增加。

Q229.

家中更換窗型冷氣，裝好後發現居然是傾斜的！不會影響使用嗎？

工法須知

機體稍微傾斜更利排水

　　別擔心！冷氣向外傾斜是正確的，主要目的是方便排水，避免積水。由於得讓窗型冷氣看起來美觀須正面擺放，但如此一來就導致水容易積存機體內部無法順利排出，所以在機體安裝時運用往排水管方向傾斜的小技巧，解決日後排水困擾。

Q230.

師傅説接到室外機的銅管只要用泡棉保護就夠了，這是真的嗎？

為了避免管線外包覆泡棉風吹雨打損壞、進而影響管線運作，加上管槽修飾板更加一勞永逸。

Q231.

冷氣用久了，管線外皮破裂，用絕緣膠帶捆一捆就好？

管槽搭配修飾板才是最佳防護

最好能加裝管槽修飾板，才是最完善的保護措施。輸送冷媒銅管一旦接觸空氣就容易氧化影響效能，如果單單利用泡棉包裹保護卻裸露於室外，長期日曬雨淋容易造成泡棉損壞，所以利用管槽搭配修飾板，連室外都管線不外露，亦讓冷媒管受到最完整保護。

圖片提供©今硯室內設計

銅管配置需注意乾燥、氣密與清潔

千萬不行！冷氣安裝從銅管、排水的接續、抽真空環節都非常重要，尤其是銅管如果配置不當，將會對冷氣造成損害，由於現在的環保R410A系統對灰塵、濕氣甚為敏感，因此配管的時候要特別注意保持乾燥、氣密以及清潔，配管時也要做好保護，透過膠帶、覆膜或是加蓋的方式來隔絕灰塵。施作完成後，也要確認銅管是否有排列整齊、保溫材有無被破壞。

Q232.

網路上說安裝冷氣一定要抽真空，抽真空究竟是什麼？沒做到會發生什麼事？

工法須知

保持冷媒管內真空延長機體壽命

抽真空是分離式冷氣安裝完室外機後，填充冷煤前不可缺少的重要工序喔！由於空氣中的一些氣體不能溶入冷煤當中，若沒有事先進行這個步驟或是稍有不確實之處，便會讓冷媒混入空氣，致使當壓縮機開始運作打進銅管，冷煤就會不均勻，大幅影響機體運作的效果，可能導致室內溫度無法下降，嚴重更可能減少壓縮機壽命。

圖片提供©今硯室內設計

完成抽真空動作後，得靜待 10 分鐘確認真空度沒有減少，才算大功告成。

  空調工程必懂監工細節

1.連接壓力表檢查是否漏氣。
2.抽真空要持續10分鐘以上。
3.冷媒管銅管避免凹曲彎折。
4.可用肥皂水塗在接頭簡易測試是否漏氣。

Q233.

怎麼確認冷氣管線排水管配置有沒有問題？

監工驗收

排水管與機體接頭處是最容易出現漏水問題所在，測試時要重點觀察。

可進行灌水測試

可直接在排水管倒入水測試水是否順利排出；清潔完至少開機運轉4〜8小時才能確認無虞。灌水測試時，水注入幾分鐘後，即可隨著管線查驗排水是否順暢，尤其冷氣機與管線接頭是否滲漏。

Q234.

如果暫時沒有裝空調打算，新家裝潢時可直接省去這方面規劃？

工法須知

預留空間避免日後走明管破壞美觀

世事難料，住家難得重新裝潢，如果此時不預先規劃，未來一旦想裝，就勢必得走明管，醜醜的管線現形，整體裝潢美觀付諸流水。其實只要在裝潢期間預留室內機與管線開口位置，暫不裝設機體，就能減少日後加裝時的費用與敲敲打打時間。

Q235.

壁掛式與吊隱式冷氣各自該如何清潔保養？

設備評估

定期請廠商進行空調維護是必要措施。

夏季前夕是廠商定期檢修最佳時機

　　壁掛式室內機可自行簡單清潔濾網、擦拭機身，但室外機須請廠商清理。吊隱式冷氣被藏於天花當中看不見，所以主機與室外機一併得交給廠商定期保養，建議最好能在夏天使用頻率高峰前進行，確保最佳冷房效率。冷氣機若長期不清潔會影響機器使用壽命，不可不慎。

圖片提供◎演拓空間室內設計

Q236.

吊隱式空調室內機該安排在哪裡比較洽當？日後要怎麼解決維修問題？

設備評估

設於過渡空間減少降板影響

　　最好避免將室內機吊掛於主要活動空間，避免因此而降低天花高度，建議安排於走道等過渡空間。維修孔位置要開在機板、馬達附近，若太接近牆壁就得移位，開孔尺寸需配合機器大小，至少要大於1×2尺，建議找原廠定期保養。

防漏水工程

chapter
12

關鍵施工
T I P S

1 磚牆因為有縫隙，不適合以高壓灌注的打針方式防水，必須上防水劑，若為 RC 牆則可使用打針填補防堵漏水。

2 沒有管線經過的牆面產生壁癌，待拆除見紅磚結構之後，務必要靜置數天等待其完全乾燥，再來進行防水層的塗佈施作。

3 管線銜接處、排水管邊緣隙縫是衛浴漏水常見原因，除了找出管線的漏水點之外更換管線，如重新整修的衛浴也應強化管線接頭防水、排水孔內的防水塗佈。

4 窗框若沒有確實塞水路，很容易造成四周進水，必須將窗邊四周敲除，重新利用水泥砂漿補滿，填補的動作不宜貪快，否則容易產生細縫。

5 屋頂防水要打除見原始結構體，同時做好素地清潔整理，才進行防水層施作，女兒牆離地 30 公分以下也需塗佈防水，角落則可鋪設抗裂網或玻璃纖維網，增加抵抗地震的拉扯。

台灣氣候多雨潮濕，加上地理位置又屬於地震帶，老公寓、中古屋翻修經常面臨漏水的困擾，解決漏水最重要的就是斷水再防水，同時也必須因應造成滲漏的源頭檢測並給予不同的防水材料、施作方式，才能真正達到阻絕的效果。

Q237.

頂樓有做排水孔,但怎麼還是常常積水?

調整洩水坡度

頂樓的落水頭經常規劃在角落,導致積水集中在中央區域,如果是這種狀況,可能是地心引力的關係,讓樓板中央略微下沉,因此最好重新鋪設地板,也透過防水層的更新,一併調整洩水坡度,讓水順利排出。

Q238.

隔間牆兩側明明沒有管線,但還是有壁癌,重做防水的時候應怎麼做才正確?

拆除見底後靜置數天再做防水

如果沒有管線經過,但牆面卻產生嚴重壁癌,也許是住宅過於潮濕的關係。此時建議拆除壁癌牆面至紅磚,應該會發現含水量高的紅磚部分色澤較高,但千萬別急著做防水,必須靜置個幾天,讓裡頭水分都揮發,磚材顏色變得一致且濕度較低之後,先塗上防水劑,再以水泥砂漿做粗胚、粉光,並多一道批土讓牆面更整齊,最後再刷上油漆就完成了。

圖片提供©今硯室內設計

牆面壁癌拆除見底後記得要等數天,讓裡頭的水氣逸散出來再做防水。

Q239.

窗戶漏水，整個壁面都是壁癌，該怎麼辦？

工法須知

磚牆重作防水、RC牆用打針填補

　　首先要先看牆面的結構材質是什麼，假如是RC結構的話，可以直接以「打針」填補，也就是利用高壓灌注把止漏材打入裂縫中，即可達到隔絕漏水的問題。但若是磚牆結構，則不能以打針解決，這時候會建議將窗戶拆除重新施作防水，窗框內角可以稍微擴大範圍往外打鑿，抹上水泥砂漿粗胚打底後，可以使窗框更為穩固，有效防堵滲漏水問題。

圖片提供◎今硯室內設計

RC牆可以運用灌注止漏方式，將防水止漏材注入裂縫中填補。

Q240.

外牆磁磚剝落，導致室內滲水，只要把外牆磁磚重貼就可以了嗎？

工法須知

室內壁面防水層一併重新施作

常見中古屋大樓或是老公寓外牆磁磚老化脫落、牆壁裂縫，讓雨水沿著縫隙滲透到屋內，當然最好的解決方法是外牆重新整修施作防水，但前提是必須整棟建築物的外牆一併拆除重做，如果只有單樓層施作是無法根治的，因為可能還會從其他樓層的縫隙往下。

此時建議應加強室內的防水，將屋內壁面有壁癌處拆除到看見紅磚層的結構，接著塗上加入防水劑的水泥砂漿填補縫隙，第二層再塗上壁癌藥劑，最後再以水泥砂漿打底粉光即可做表面修飾。

圖片提供◎今硯室內設計

外牆磁磚剝落除了戶外防水的施作，室內牆面也得重上防水改善。

! 防漏水工程必懂監工細節

TIPS

由於紅磚堆砌的結構有很多間隙，遇有壁癌時不適合以「打針」方式處理，因無法完全填補漏水縫隙，還是需以防水劑塗佈方式較為恰當。

Q241.

浴室防水層的高度究竟要做到多高？

監工驗收

浴室防水高度建議還是做到 220 公分左右，避免上半部的牆面長期受水氣影響受潮。

防水層提高到220公分為佳

過去常有一種說法是防水層做到170～180公分就差不多，但其實這種觀念是錯誤的，因為淋浴時會有水蒸氣往上竄升，如果防水高度不足，上方牆面也會容易有水氣留在牆內受潮，因此還是要將防水層高度提高到220公分左右，甚至可以超過天花板高度最好。

圖片提供◎實適空間設計

Q242.

緊鄰衛浴的書房隔間，牆面摸起來老是有潮濕的感覺，這樣算是漏水嗎？牆面必須拆除重做嗎？

工法須知

擴大牆面防水範圍

沒錯，當牆面摸起來濕濕的，很大的原因是淋浴間壁面防水沒做好，或是浴缸底部漏水，如果是浴缸漏水的關係，應拆除重新施作洩水坡度、防水層，排水管也需套好地排，當排水順暢之後，就能減少積水的問題，若只是防水層出現問題，牆面防水只要重新施作，並擴大到超過天花板的高度，就可以避免水蒸氣滲透到牆面內。

Q243.

想要徹底解決屋頂漏水，有哪些做法？

重做洩水坡、防水層

屋頂漏水多半是長期陽光曝曬、風吹雨淋下造成防水層老化，或是是建築物面臨地震後產生縫隙所致，在這樣的前提下，最簡單直接的方式就是重新施作屋頂防水，而施工過程最重要的便是素地整理，必須將地面打除至結構體，並整平地面、仔細清洗打掃，才能開始進行防水施作。

還有一種可能是屋頂的洩水坡度不足，造成雨水積聚在某個區域，防水層長期浸潤失效，此時則是重新施作洩水坡度，以排水口為最低點測量坡度，做好防水層後先試水，確認沒問題再進行鋪設表面材。

頂樓防水多鋪一層纖維網，可以提高防水效果。

圖片提供©今硯室內設計

 防漏水工程必懂監工細節

素地整理後施作防水底漆，待乾燥後塗佈防水PU中塗材或加鋪一層玻璃纖維網加強防水韌性，另外也有防水毯施作選擇，先做一層簡易防水，再以熱熔燒焊方式將防水毯黏合在地板上，最後再上一層水泥砂漿，接著才貼表面材，後者費用較高，但防水性能也較佳。

Q244.

窗戶下方很容易積水,而且都累積在窗台,該如何妥善解決?

工法須知

重新施作洩水坡度或矽利康

　　如果每次下雨水只集中在窗戶下,有可能是外側窗台的洩水坡度不夠,所以當雨水累積到一定程度後就會流到室內,另外還有一種可能是,窗戶周圍矽利康老化,水氣從縫隙進入,也會造成窗框和玻璃之間漏水。

　　如果是前者的話,窗戶外緣得重新施作洩水坡,架設新窗框的時候也可以稍微內退5公分以上,即可減少從外牆流入室內的可能,而倘若是矽利康老化,則是清除內外矽利康再重新施作。

圖片提供◎今硯室內設計

外框和牆面之間刮出大約1公分深的溝槽再打入矽利康。

⚠ 防漏水工程施工要注意

清除矽利康填補窗戶周圍的水泥砂漿時,外框和牆面結構必須刮出1公分深的水泥溝槽,且矽利康要打在溝槽內才能與外框緊密結合。

Q245.

窗戶工程中的塞水路是什麼意思？是鋁窗師傅還是泥作師傅要做呢？

窗框邊緣填滿水泥砂漿隔絕滲水

塞水路意思是指在窗框和牆面之間的縫隙灌注水泥砂漿，由於水泥砂漿會流動，必須等下沉之後再持續打入，如果還沒下沉就離開，打得不夠密實反而會產生縫隙，但若如果打得太多，乾硬之後膨脹也會擠壓窗框變歪斜，所以塞水路是窗框防水的關鍵步驟，至於是鋁窗或泥作工班施作，其實都可以，只要事前溝通好由哪邊進行即可。

圖片提供©今硯室內設計

窗框四周填入水泥砂漿時不能太快也不能打得太多，否則會產生裂縫。

 防漏水工程施工要注意

 水泥砂漿填滿之後，等待水泥乾燥、水氣散逸之後，再填補矽利康防水。

Q246.

冷氣管線沒裝好竟會造成天花、牆壁漏水問題？

監工驗收

要拉出足夠洩水波、管線披覆保溫材

　　沒錯，有可能因為排水管沒有做好洩水坡度，導致水累積在管內，另外吊隱式冷氣的集水盤如果積水也有可能造成漏水。因此，當空調管線安裝完畢之後，務必要灌水1～2分鐘測試管線排水是順利的，待清潔完畢也可以開機運轉4～8小時確認。另外，排水管的冷凝現象也有可能使天花板產生漏水，冷媒管、排水管也最好要包覆保溫材。

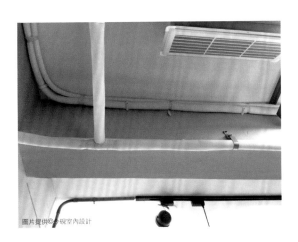

冷氣排水管包覆保溫材可避免產生冷凝現象，滴水在天花板上。

圖片提供◎今硯室內設計

 防漏水工程施工要注意

除了試水和包覆保溫材，也要注意排水管和空調的交接處要鎖緊，如此才能避免漏水。

Q247.

浴室防水層該做幾層才安全？不用怕漏水？

工法須知

2層彈性水泥達到防水效果

　　浴室地壁防水層多半在粗胚打底後，塗上稀釋過的彈性水泥作第一層防水，選用彈性水泥的原因是，具有極佳的耐候性、耐水性以及彈性，本身質地黏稠，稀釋過後可以有效滲透到牆內、封住水路，等乾燥後再同樣塗布一層彈性水泥，而一般是等壁面防水做完之後才施作地面，牆面和地板交接處則是可使用壓克力樹脂、玻璃纖維強化，加強防水效果。

圖片提供◎演拓空間室內設計

衛浴防水至少塗佈二層，日後較無須擔憂漏水問題。

Q248.

浴室明明有重新施作配管，樓下鄰居居然反應有漏水，事後才發現是接點有裂縫，怎麼會這樣？！

Q249.

怎樣才能確保衛浴門檻不漏水？

Q250.

想做一個類似日式泡湯池的磚砌浴缸，但聽說容易有漏水狀況，該如何避免？

監工驗收

工法須知

工法須知

檢查漏水點更換管線

衛浴漏水可先從管線初步檢查，一般管線滲漏的確很常發生在接頭或是彎頭的地方，可從上方樓層的排水處一一開水檢測，例如浴缸、洗臉盆、排水孔等，再去對應樓下漏水的位置，如發現有水痕，就表示此管漏水，這時候只要直接更換管件就好，待修復完成後再進行測試，沒問題後就能復原。

ㄇ字型門檻包覆防水性較佳

首先得將衛浴洩水坡度先作好，控制、減少水外流的源頭，其他就是門檻的功能所在。門檻下方為衛浴底層延伸的水泥墩，可藉此調整門檻高度、擋住水淹出，而門檻作法會依照相鄰場域地坪材質而略有不同。例如相連場域選用木地板，可以ㄇ字型門檻包覆水泥墩，會有較佳的防水性；使用一字型門檻時，就得將防水層延伸至木地板側完整塗覆整個水泥墩，提升整體防水性。

不鏽鋼包覆，強化防水

磚造浴缸必須在施作範圍打一層粗底水泥、做出洩水坡度及再上二層防水層，在砌出浴缸的樣子之後，直接加入訂製的不鏽鋼箱體，如此一來可強化防水結構，也能預防日後因地震產生裂縫，發生漏水的狀況。

Q251.

翻修住宅的施工期間，師傅說除了浴室、廚房，其它地方也要防水？

監工驗收

避免濕氣往下滲透造成漏水

這是正確的，可分成幾種狀況討論。一是泥作工程會使用大量的砂，但砂本身是濕的，因此倒出來使用之前要先在地上鋪好帆布，隔絕濕氣向下滲透，避免造成樓下天花板漏水。

其次是若有重砌磚牆工程，砌磚和打底也必須澆濕磚塊、牆面，在澆置磚塊的時候，也應鋪上白板或是帆布等防水材料，磚牆澆置的時候則是要控制水量，隨時擦拭溢出的水。除此之外，全室木地板整平的時候，打底也需使用大量的水，此時也要加做防水，所以，亦有許多設計師是選擇在泥作工程之前做好全室地板防水，防止各種可能面臨滲漏的問題。

圖片提供◎演拓空間室內設計

泥作進砂、砌磚牆打底都會使用到水，為了預防滲漏，地面可先做一層防水防護。

Q252.

室外機放頂樓是住家漏水、壁癌元兇？有辦法改善嗎？

工法須知

室外機若高於住家，管線拉出 U 字型，雨水就進不去。

Q253.

老房子的浴室門檻和地板的交界處開始出現腐蝕，潮濕，該怎麼解決？

工法須知

浴室門口多做水泥墩可擋水，但越往門口高度要拉高。

管線拉U字型，洗洞補矽利康

當住家在頂樓，又把室外機放在屋頂的時候，通常冷氣管線會順著大樓外牆走，接著洗洞進入室內，但長時間下來矽利康會脆化產生縫隙，反而讓雨水隨著管線滲透進去。所以如果不得已室外機的位置比住家還高，管線要往下進到屋內，建議將管線拉出U字型，好讓雨水可以順勢往下，另外，管線和洗洞口的交接處則以矽利康做好密實填縫，如此便能大幅改善。

圖片提供◎今硯室內設計

門口洩水坡須略微高起，並加做水泥墩

門檻具有防止水外滲的功能，若門檻發生腐爛的情況，建議拆除以泥作修補，當浴室整個重新翻修，記得越靠近門檻的地方，地面坡度要順勢向上高起，讓水流可以往排水孔的方向，避免水溢出浴室外面，另外，如果浴室外鋪設的是拋光石英磚或是大理石，應須加做水泥墩堵水，若鋪設的是磁磚，則利用水泥砂漿拉高弧度即可。

圖片提供◎今硯室內設計

Q254.

後陽台角落一直有滲漏水的情況，該如何獲得解決？

工法須知

角落增加不織布才能對抗地震的拉扯，避免產生裂縫。

不織布補強角落防水性

有可能是防水工程施作不確實，陽台和RC結構牆的L交角一旦產生裂縫，就很容易造成滲漏。若有此狀況，應重新從結構面進行防水工程，拆除磁磚見底，基底

以三道防水程序重建，確實塗佈防水材料，並在牆面和地面相鄰的角隅貼覆不織布，再進行一次防水材的塗佈，如此一來，角隅處才能耐震防水、抵抗拉扯，待完成後接著才做泥作打底、表面材鋪飾。

圖片提供◎力口建築

Q255.

窗型冷氣孔每次下雨、颱風過後總是一直滲水，如何解決才好？

工法須知

封孔改用分離式冷氣

老公寓的冷氣窗孔一般都會比較大，但並不見得符合不同機型的窗型冷氣規格，所以施工後通常會利用壓克力或珍珠板，填補安裝後產生的縫隙，但其實這樣根本無法阻擋雨水。若要徹底解決漏水問題，建議把原有冷氣窗以玻璃加矽酸鈣板封閉，可避免產生冷凝水現象，最後再包覆木板修飾隱身為牆面。

Q256.

窗外花台本身就有排水孔，防水工程完成後，可以直接在裡頭覆土種花嗎？

花台內建議將覆土清除重作防水，日後再以花盆或花架種花。

材質選用

利用花盆或花架墊高種植

還是不建議這樣做，防水工程完成之後，比較好的方式是利用花盆、花架墊高取代直接用覆土種花，因為覆土需要澆水，很容易產生滲漏水的問題，如果原本就有覆土，也記得先把覆土清理乾淨，再來施作防水工程，一般會施作二層更為保險。

圖片提供©演拓空間室內設計

Q257.

地下室牆面總是有漏水與壁癌，應該要如何改善才好？

工法須知

全面重新施作防水層

地下室會產生漏水和壁癌，多半是來自結構體的龜裂，如果要徹底根治的話，建議必須填補裂縫，首先用壓灌注的方法解決滲漏水，並且拆除牆面至見底（磚牆或RC層），再以無收縮水泥加防水劑粉刷，也可以直接使用彈性水泥，接著蔥胚打底、細胚粉光、批土、砂紙磨過，最後再塗上具有抗霉、防霉效果的防水漆。

必懂材質 KNOW HOW

無收縮水泥是指水泥類中添加膨脹劑與緩凝劑，具有流展性佳、接著力強、自平性好的特性，就算薄層施工也不會鼓起，也不太會有硬化後裂縫產生的問題。

Q258.

聽說浴室防水工程邊邊角角要特別注意，只有玻璃纖維網可供選擇嗎？還有沒有其他更好的輔助材呢？

材質選用

抗裂加強網，輕薄柔軟好施作

浴室內邊角處因為容易積水，除了使用彈性水泥塗覆外，通常會使用玻璃纖維網加強地、壁交接處的連結強度，降低裂痕發生機率，從而減少漏水。但玻璃纖維網本身較厚、也具備一定硬度，放上轉角後若用批刀使其完整貼覆壁面時容易破壞其結構、降低原本組織強度，之後因厚度關係，批土也需要比較厚才能使表面平整，因此市面上出現進階功能的PE抗裂加強網可供選擇！

816PE抗裂加強網除了耐水、耐酸鹼外，輕薄柔軟特性可使批土厚度減半，保證本身材質強度！除了防水用途，更能應用於矽酸鈣板、密迪板等板材與牆壁交接處，有效縮小縫隙，更能增加批覆層的抗裂防撞功能。

👷 必懂材質 KNOW HOW

816PE 抗裂加強網規格	
816-30	30mm×30M
816-50	50 mm×30M

※ 特殊規格可以客製化訂購

圖片提供◎金永貿企業有限公司

抗裂網的質地柔軟輕薄，好施作貼覆性好，防水強度高。

Q259.

牆壁裂縫漏水只要打針就可以了嗎？

工法須知

高壓灌注防水劑修補縫隙

　　台灣地震頻繁，有時候會因為地震拉扯讓牆面產生裂縫，雨水就會隨著縫隙滲透，如果是RC結構的話，可利用鑽孔埋設高壓灌注針頭的方式，將防水發泡劑打到牆壁裂縫當中，等到發泡劑接觸空氣硬化之後，再測試是否有漏水的情況。不過要提醒的是，這種止漏方法雖然簡單快速，但日後有可能會因為地震再度發生滲漏的情況。

圖片提供◎今硯室內設計

高壓灌注需以傾斜角度鑽孔到結構體厚度一半深，鑽孔完成後再埋設灌注針頭。

防漏水工程施工要注意

牆壁裂縫多半都是不規則，最好在裂縫的兩側交叉打針灌注，堵住周遭可能的裂縫，防漏效果比較好。

Q260.

浴缸下方的矽利康開始出現脫落的現象，會不會影響防水性？

拆除浴缸、地壁磚重做洩水與防水

　　浴缸的確是衛浴最容易漏水的地方，特別是浴缸與牆面的接縫處，矽利康收邊因為長期濕氣造成脫開，水就會隨著縫隙流到浴缸下，如果又剛好遇到洩水坡度沒做好，很有可能日後會漏水影響下方樓層。

　　因此建議拆除浴缸和地壁磚，重新施作洩水坡、防水層，並在陰角處覆蓋不織布加強防水，浴缸排水管要套入地排的時候，也要調整好位置，讓水流能順利排出。

圖片提供©今硯室內設計

矽利康脫落最好拆除浴缸重新施作洩水坡度與防水較為安全。

Q261.

陽台和室內地板本來有門檻，日後想規劃成無障礙地坪，方便長輩使用，但沒有門檻會不會容易淹水、漏水？

施作截水溝阻擋

　　門檻主要有讓水回流、不外滲的功能，一般陽台和客廳至少要有2公分高的落差，但如果希望取消門檻、規劃為無障礙地坪設計的話，陽台和室內落地門之間可以施作截水溝，另外也須定期清潔陽台水管和落水頭，保持通暢，這樣一來就能解決積水或漏水的狀況。

Q262.

浴室防水有哪些步驟？怎樣才能做到盡善盡美？

工法須知

管線接頭、排水孔內外補強防水

　　首先將地壁打到見RC 結構處，也就是見到水管埋藏處，此時可先檢查管線是否有漏水，如超過15年以上的老房子，會建議將管線換成不鏽鋼材質，確認管線施作完畢之後，即可進行第一層的防水漆，接著再刷1～2層防水漆，管線的接頭處記得須使用不同刷具加強防水，防水塗料除了塗在排水口外四周，最好一路塗進管壁內側，避免水流進入管線周圍地面，接著地面事先做洩水坡度，再重覆上述的防水刷飾動作，浴室防水就算大功告成。

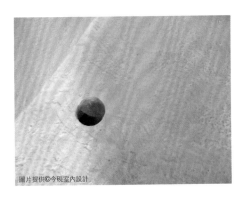

防水塗料要塗進管壁內側，避免水流進入管線周圍地面。

圖片提供©今硯室內設計

⚠ 防漏水工程必懂監工細節

防水施工完畢後，將排水孔堵住，蓄水約 2 ～ 3 公分，等待 1 ～ 2 天後，從水位變化檢查牆面和地面有無滲漏現象，地面粗胚打底乾燥後先測試洩水坡度，並注意管線周圍有無塗佈防水材。

Q263.

為什麼已經安裝了氣密窗，結果颱風一來還是漏水？

監工驗收

檢測窗框有無變形、安裝後是否牢固

有可能發生的原因包含施工與氣密窗品質。施工方面除了要檢查窗框是否正常沒變形、當初是否有確實做好塞水路、防水，安裝時要標示水平垂直線，確認窗戶定位正確，施工後也須確認牢固不晃動。

另一個是氣密窗品質的好壞，可從水密性、耐風壓等指標選購。水密性CNS規範的最高標準值是50kgf／m²，最好選擇35kgf／m²以上，方能對應台灣潮濕多雨氣候，耐風壓性則是以360 kgf/m² 為最高等級。

選對氣密窗加上正確的施工過程，即可達到良好的氣密隔音效果。

Q264.

連續多日下雨終於放晴，要趕快把握時間施作屋頂防水？

監工驗收

測試樓板含水量是否正常

建議不要，最好還是等連續晴天過後，在地面完全乾燥的情況下再施作防水工程，待素地整理工程完成之後，最好先使用水分含量器測試一下樓板的水分含量，正常含水量大約介在12～15％之間，如果超過20%以上，可能還有水氣尚未散出，可再多等待幾天。

水分計可以測量樓板的水分含量是否正常。

Q265.

屋頂除了要做洩水坡度，施工時還要注意什麼才可以加強排水？

監工驗收

選用高腳落水頭避免積水

頂樓在做排水時，要特別注意開孔的地方，也就是排水孔的入水處，一般排水孔是平的，但屋頂的排水孔最好選擇「高腳落水頭」，形狀是高凸起來的，如此一來被雨水沖刷下來的葉子、泥沙等雜物較不易堵在排水孔，不過就算是採用高腳落水頭，平時仍要定期打掃，將入水口的雜物泥沙清除保持暢通。另外，排水口周遭是水流聚集之處，排水口與壁面接縫的地方同時要做好防水措施，才不會讓水反而從這裡的縫隙滲入，造成漏水。

結構工程

chapter

13

結構施工多發生在老屋改造的過程中，幾個常見的問題包括：白蟻、鋼筋鏽蝕、地面不平整、窗框歪斜，鋼筋外漏多半是漏水導致，地板歪斜則可透過水平儀做測試最準確，但若有嚴重結構上的疑慮，最好先委託專家檢測，以維護建築物的安全。

關鍵施工
TIPS

1 大廈、新成屋整修如果因為天花板設計的關係須調整，也僅能針對高低作修改，礙於消防法規是不能任意改變位置的。

2 老房子改造經常面臨拆除後發現白蟻藏生，除了在拆除工程結束後要全室消毒噴灑藥劑之外，木作、板材也都要進行除蟲較為保險。

3 老屋鋼筋鏽蝕要先判斷是否為海砂屋，若僅是因漏水產生的鏽蝕問題，可透過除鏽、防鏽、刷飾紅丹漆或是以鐵網補強的方式修復。

4 若是輕微的地面不平整，可使用木地板架高或是鋪設防潮布手法改善，若傾斜的幅度太大，則是建議重新鋪設水泥砂漿去修正。

5 老屋大樑、柱體損壞，前者可運用低壓灌注、鋼板填補縫隙，修復舊有結構，後者則是採取紅磚填補、搭配水泥砂漿重新拯救。

圖片提供__采金房室內裝修設計

Q266.

買了超過 30 年的老屋要重新裝潢，拆除時才發現有許多白蟻，該怎麼解決？

拆除前、板材進場都需進行除蟲

　　舊屋翻新很容易發生白蟻入侵的狀況，經常發生在管道間或是濕度較高的空調主機室、衛浴等築巢，如果拆除時發現白蟻，在拆除工程後，應委託專業的消毒人員進場徹底消毒，特別是磚牆間、細縫間和牆角等處，但是只做一次消毒是不夠的，在板材進場時，還得再消毒、噴灑防蟲藥劑，或是選用防蟲角材，若白蟻是出現在天花板，亦可考慮捨棄天花板施作，避免日後再度蟲蛀也不易發現。

圖片提供◎采金房室內裝修設計

拆除工程後，專業消毒人員進場作首次除蟲，磚牆、牆角縫隙都應加強。

Q267.

施工期間該如何妥善處理消防感應器與灑水頭？

使用專用蓋包覆

　　首先要確認天花板的消防感應器和灑水頭已經拉下，消防感應器在施工期間也應使用專用蓋包覆好，避免誤發警報訊息，而在丈量的時候也應該標示清楚原有的位置，等到木作時再確認一次，若因設計的關係須封板，封板後也得再次檢視灑水頭與感應器是否有對應正確位置。

Q268.

灑水頭可以任意移動或改變位置嗎？

監工驗收

可調整高低不能移位

　　考量消防法規和安全因素，灑水頭不可以移動位置，但可以因為天花板設計的關係調整高低，進行時因為要關閉消防灑水總水閥，因此必須先告知管委會要進行灑水頭修改工程，避免引起消防警報且影響消防空窗期的安全性。

灑水頭只能因為天花板設計去更改高低，無法任意變動位置。

圖片提供◎演拓空間室內設計

❗ 結構工程必懂監工細節

　　關閉總水閥後，需排空灑水頭管線內的殘存餘水，接著才能修改灑水頭高度，最後再告知管委會復水，並觀察地面是否有水漬或積水，都沒有的話表示修改完成。

Q269.

超過50年的老公寓拆除天花後才發現，大樑竟然出現龜裂的現象，該怎麼辦？

工法須知

樑的三面都用注射器將環氧樹脂注入，強化樑柱結構。

Q270.

地震後，門框轉角處出現斜向裂痕，網路上說必須拆除更新，是真的嗎？

工法須知

落地門拆除後嵌入新的落地門框，內外門檻要做洩水坡，避免雨水倒灌。

低壓灌注或鋼板包覆補強

修補樑柱常見的工法是採用低壓灌注補強，在結構樑柱裂縫利用大支的注射器，進行混凝土和砂漿裂縫的修補，注射器會透過橡皮筋壓力將環氧樹脂以低壓、低速的方式注入樑內，讓原本混凝土和砂漿形成一體，達到共同保護結構的功能。另一種解決手法是，利用兩片鋼板包覆在樑體外圍，透過樓板及結構牆來支撐，鋼板的鋼釘會穿過樓板，並用鎖螺栓的方式固定強化。

圖片提供©大湖森林室內設計

拆除換新窗最安全

地震過後，門框或窗框轉角處往牆面延伸出現的斜向裂痕，是因為牆面遭受水平向度的外力拉扯所致。若是發生連同門框窗框發生無法開闔，或是鋁窗落地門有搖晃的可能，建議拆除更新較為保險，並將牆面所有表面建材敲除清理乾淨，同時重新砌落地門的開口，並注意抓水平、門檻及止水洩水高度問題。

圖片提供©大湖森林室內設計

Q271.

老屋翻修發現有鋼筋鏽蝕的問題該怎麼辦？

工法須知

視屋況選擇除鏽、防鏽漆與鐵網補強

　　鋼筋外露通常是因為漏水或濕氣、樓板混凝土保護層不夠的關係，如果是因為屋頂防水層失效滲透到樓板，首先要解決屋頂的防水功能，並加強屋頂排水機能，室內部分則是先將鬆動的水泥清除，接著用鐵刷除鏽、上防鏽漆、防水漆，最後以環氧樹脂砂漿修補、並上一層瀝青材質防水塗料。

　　如果是浴室、廚房天花樓板的鋼筋鏽蝕，一般會將鏽蝕部份以鋼刷將鬆脫物刷乾淨，塗佈環氧樹脂底漆或是鋅粉漆作防鏽處理，再以環氧樹脂輕質砂漿進行修補。但若是樓板混凝土保護層不足，為加強混凝土對鋼筋的保護層，可先除鏽，並上防鏽漆處理後，再補上鋼網或表面鋪貼防水布，再鋪上保護面材如水泥沙漿，或抗水防潮性板材或塗料即可。

圖片提供©大湖森林室內設計

屋頂漏水的室內鋼筋鏽蝕，上防鏽漆、防水漆之後以環氧樹脂砂漿補修。

Q272.

老公寓拆除後才發現，柱體下方居然有破損，這樣結構會有問題嗎？有辦法補強嗎？

柱底下方利用紅磚磚砌加強固定支撐，並用水泥沙漿填滿抹平。

以紅磚和水泥砂漿填補支撐

如果是施工時不小心敲壞，可以在柱體下方的缺口處填補紅磚，再用水泥砂漿的泥作工法，讓柱體的承重結構平衡，才不易因為地震來時，下盤空缺而導致傾倒問題產生，最後表面刷飾白色油漆即可獲得改善。不過要注意的是，如果柱體水泥是自然剝落的情況，建議還是委託結構技師檢測是否為海砂屋較為安全。

圖片提供©采金房室內裝修設計

Q273.

老房子的地板不平整、水平落差很大，鋪設地板之前該如何修正？

地板拆除後重新抓水平、鋪設水泥。

重新鋪設水泥拉齊水平線

屋齡太舊的房子經常會有地面不平的現象，如果地板明顯傾斜很多，甚至地磚出現膨共的話，建議最好拆除重新以水泥整平地面。將地板拆除後，以雷射水平儀重新測試拉出水平線，並根據墨線基準鋪設水泥，接著再進行貼磚、鋪設木地板的動作，但倘若傾斜的差異不大，可以利用木地板或是底下鋪設吸音墊、防潮布墊高改善。

圖片提供©采金房室內裝修設計

Q274.

大樓外牆想要翻修，一定得把磁磚拆除嗎？

工法須知

塗裝施作降低建築物載重，且具高耐候性

台灣的老屋拉皮前的外牆材質都以磁磚維主，但往往在敲除的過程當中，容易造成原牆面混凝土的裂縫傷害跟施工噪音，目前可採用外牆塗裝工法以減少前述現象，但前提是需在嚴謹的檢測過後確認磁磚原有狀況皆良好。而外牆塗裝材質依原廠設計功能，可選擇具有高延展性、高耐候性，輕量化，具防水與自潔性能的機能型塗料工法，對於老建築物更新是一大福音。

照片提供©朋柏實業有限公司

老屋拉皮的處理有好幾種方式，如果建物狀況良好，可使用塗裝方式，結合彈性塗料與專門工具應用，就能讓外牆煥然一新。

其他工程

chapter
14

關鍵施工 TIPS

其他工程包含小如填縫用的矽利康、AB膠，大至樓梯、玻璃與壁紙工程。門檻施作順序錯誤還有可能補救？矽利康的種類這麼多，差異性是什麼？樓梯踏接踩起來不穩、扶手也搖搖晃晃的，關鍵可能就出在結構漏了一個環節！精選居家裝潢中最常見的施工困惑，怎麼做一看就懂。

1 AB膠的A劑、B劑充分混合後的3～5分鐘就會開始硬化，使用時要預估好所需的量，調製好後馬上使用。

2 樓梯可利用中段踏板加強支撐，強化支撐力量，如此一來，前、中、後皆具備足夠穩固性，走起來就會紮實不易發出聲響。

3 矽利康雖然本身防水，但長期潮濕的環境還是會發霉，除了選擇防霉矽利康產品，做好住家空間防水、乾燥措施才是根治問題的王道。

4 若Epoxy施作素地為粉光水泥，需等水泥基底乾透，約得等上一個月左右。完工後，建議放置3～7天提升材質穩定度。

5 PVC地磚施工順序得先找到施工空間的中心十字線，從第一片開始、對準中心線開始黏貼。

6 壁紙黏貼之前務必要整平壁面，如果有舊壁紙也得先撕除乾淨，貼起來才會平整好看。

7 黏貼壁紙除了注意上膠後需靜置幾分鐘讓壁紙充分吸收之外，邊黏可以搭配刮刀順平，黏好後也要運用滾輪擠出空氣，貼好後才不易有黑邊產生。

Q275.

貼壁紙可以用一般黏貼膠嗎?

工法須知

須使用專業接著劑

　　貼壁紙務必要使用壁紙專用的接著劑,否則會影響密合度,甚至造成脫落。使用專業接著劑要注意調配的比例,水跟接著劑是10:1,調和要注意是否均勻。

Q276.

矽利康的種類好多,應該要怎麼挑選?

材質選用

水性用於油漆收尾,酸性用在戶外

　　矽利康可分為水性、中性、酸性三種,差別在乾燥時間長短與黏性強弱,可視需求與空間特性挑選。需注意的是,矽利康雖然本身防水,但長期潮濕的環境還是會發霉,所以除了選擇防霉矽利康產品,做好住家空間防水、乾燥措施才是根治問題的王道。

⚠ 必懂材質 KNOW HOW

水性矽利康:多用於油漆收尾。

中性矽利康:居家裝修最常見,室、內外皆可使用。

酸性矽利康:多用於戶外,但遇鐵件會造成其鏽蝕,要特別小心。

Q277.

Epoxy 適合鋪設在廚房嗎？

材質選用

不可用於廚房、浴室

　　Epoxy怕水氣和油污，因此不建議用於浴室、廚房等地。此外，Epoxy表面較脆弱，易被刮傷或被尖銳的物品刺出凹痕，所以在搬運傢具、重物時，要格外避免拖拉方式移動、或是直接撞擊，一旦造成龜裂破損，將無法進行修補。

Q278.

AB 膠是什麼？通常使用在哪裡？

材質選用

用於填補牆壁、天花縫隙釘孔處

　　住家裝修用的AB膠是混合A劑與B劑後，用以修補牆面與天花接縫、釘孔處，防止釘子凸釘、板材接縫裂痕，為批土前的重要步驟。

圖片提供©演拓空間設計

AB膠在居家裝修是用於天花、壁面填縫，是批土前重要步驟。

  ⚠ 其他工程施工要注意

　　A劑、B劑充分混合後的3～5分鐘就會開始硬化，所以要預估好所需的量，調製好後馬上使用。

Q279.

天花板用鏡子貼，組裝燈具的話要注意什麼？

工法須知

配合燈具底座開孔

　　天花板使用鏡面裝飾的話，可以藉由反射拉長空間高度，但在玻璃上裝設燈具時，玻璃必須配合燈具的底座開孔，而且挖孔尺寸要大於底座，但又不能大於燈具外罩尺寸，同時要確定燈座固定的接觸面是在木作上而非玻璃，才能確保燈具受外力時，不會擠壓造成玻璃破裂。

Q280.

磁磚面鋪Epoxy，正確的工序是什麼？

工法須知

事先需補平磚縫

　　Epoxy施工底材須注意是否有裂縫，地坪須事先整平、保持乾淨。在磁磚面上施作，需先塗水性樹脂底材，將磚縫全面補好，等3～5天養護期，才開始Epoxy工序，施工主要分三步驟：底塗、中塗和面塗，最後塗上透明保護漆。

 其他工程施工要注意

 Epoxy的A劑、B劑混合凝固後要馬上施作，避免乾硬，因此每一層的施塗，不論坪數多寡都要在一天內完成，不能分開施工，否則會產生接縫。施作過程也需區域淨空、緊閉門窗，避免蚊蟲、飛灰影響最後平整度。

Q281.

監工驗收

壁紙貼好了，卻在牆面轉角處留下膠痕，感覺也沒有很平順？

延伸貼覆，避免產生接縫

壁紙貼覆的範圍若面臨牆面轉角處，在牆面垂直平整性良好的前提下，一般會建議採用壁紙延伸的貼覆方式較為細膩，而且也能避免轉角處產生明顯的接縫。

❗ 其他工程施工要注意

如果牆面有開關或插座，可以先將壁紙覆貼在上面，稍微用刮刀在蓋板切出對角十字，並以刮刀壓住蓋板邊緣，最後再用美工刀裁掉多餘的部分。

Q282.

材質選用

Epoxy 一次只能塗單一種顏色？那能做出特殊紋理嗎？

Epoxy 色彩選擇較單一，不過無縫視感能有放大空間效果。

僅能選單一色彩

攝影©蔡竺玲

Epoxy地板僅能選擇單一色彩，也無法有紋理變化。在色調的選擇上有灰色、米色、蘋果綠等多種顏色，可視空間本身需要作搭配。

❗ 其他工程施工要注意

若施作素地為粉光水泥，需等水泥基底乾透，約得等上一個月左右。若沒有完全乾透就鋪上Epoxy，後可能會因水氣反潮，致使表面產生氣泡。完工後，建議放置3～7天提升材質穩定度。此期間因材質尚未完全硬化，不可放置重物，否則會有凹陷可能。

Q283.

我家衛浴貼好地磚後才發現門檻還沒裝,還能補救嗎?

先裝門檻再鋪磚,能讓防水層最大化延伸,達到最佳效果。

監工驗收

用矽利康盡量補強縫隙

可以裝上門檻後,以矽利康填補縫隙作補強動作。先裝門檻再貼磚的優點在於防水層交接面大,防水效果較好,一旦程序顛倒,水將容易從縫隙滲入,造成日後門檻滲水問題,從長遠看,最好還是按部就班才能達到最佳防漏效果。

圖片提供◎演拓空間設計

Q284.

想要用PVC地磚,但聽說以後拆除相當麻煩?

材質選用

卡扣式施工,拆組方便

PVC地磚價格相較其他地板材仍較為低廉,算是物美價廉的建材選擇。早期是在地磚背面或是地面上膠,但如果拆除很麻煩,也會在原來的地面留下痕跡,現在還有一種卡扣式施工,利用公榫和母榫的設計將地磚拼合,也可以解決破壞原有地面的問題。

! **其他工程施工要注意**

PVC地磚在鋪設時首先要整平地面,避免濕氣、髒汙殘留,防潮布要鋪設於所有施工地坪,銜接處得重疊3公分。而施工順序得先找到施工空間的中心十字線,從第一片開始、對準中心線開始黏貼。

Q285.

實木樓梯是不是容易有變形的問題？

接合處改用粗牙螺絲

實木材質因為具備天然的紋理，也能為空間帶來溫暖的氛圍，但由於木材具備吸收與釋放水氣的特性，因此的確較易因濕度變化導致變形的可能，不過只要在施工時注意接合處選用粗牙螺絲確實旋緊固定，避免使用鐵釘或是釘槍，就能降低變形的可能，最後螺絲孔洞則是以木粉或木片填補修飾，再以保護油或保護漆刷飾即可。

Q286.

哪些地方需要作門檻？

大門、衛浴、廚房最好都要做門檻

門檻功能包含擋住水不外流、阻隔灰塵、界定空間場域等，大門、廚房、浴室、淋浴間、後陽台都建議施作。

圖片提供◎尚拓空間設計

門檻具備界定空間、防止水溢流等多重功能。

 其他工程施工要注意

 門檻若是高度過高，容易有踢到危險，造成日常活動不便，太低又不起作用，所以最佳高度建議為2～3公分，確保安全與機能兼具。

Q287.

舊壁紙想要重貼,師傅說直接覆蓋貼上最快速方便,是真的嗎?

壁紙黏貼之前一定要把牆面清除乾淨。

工法須知

撕除重貼並重新批土

通常還是會建議把舊壁紙撕掉重貼比較恰當,畢竟壁紙必須完全服貼在牆面上,如果沒有拆除再貼新的,恐怕會影響貼合性。除此之外,撕掉壁紙的牆面油漆也會一併剝落,必須預估重新批土油漆的費用,待整平牆面才能貼壁紙。

攝影©Amily 設計©苜蓿木苑設計有限公司 施工©柳琳傅飾

! 其他工程必懂監工細節 TIPS

TIPS

壁紙驗收須注意型號、顏色、防日曬、耐水洗等資訊,因為就算是同一款壁紙,也有可能因為批號不同產生色差,所以建議應確認是否為同一批貨,確保顏色均勻。

Q288.

住家重新裝修,想加裝裝全熱交換器要注意些什麼?

設備評估

需拆除天花裝設機體

全熱交換系統設置可選擇空調附近,並不影響冷房效果。老屋加裝需要拆除天花板,才能安裝機體、配置風管,所以最好一開始就事先與設計師、工班討論,並考慮大樑是否有需要洗洞以減少管路的曲折。

Q289.

為什麼牆面貼上鏡面玻璃之後，突然出現變黑的情形？

監工驗收

避免使用酸性矽利康

　　鏡面、玻璃施工的時候，通常會使用矽利康做黏合與收邊，矽利康包括水性、中性、酸性，如果設計中包含鐵件和鏡面材質，則不適用酸性矽利康，因為酸性具備腐蝕性，遇到鐵件會造成氧化生鏽，反而造成鏡面反黑，使用時應格外注意。

Q290.

聽說樂土也是種工業風常見素材，可用以取代水泥粉光表面，施工時要注意些什麼？

材質選用

局部小量施作確認顏色

　　樂土是以水庫淤泥為原料轉化做成的新裝飾材，具有防水透氣性，能塗覆於牆壁、天花板材上，輕鬆塑造水泥質感，同時預防惱人的壁癌問題。不過樂土為灰泥原色，用在不同基底材質發色效果也不一樣，建議先局部小量施作確認顏色符合需求再開工。

必懂材質 KNOW HOW

	樂土
優點	1. 泛用性廣、附著性佳：幾乎適用於任何室內材質，甚至汽車鋼板也能施作。 2. 適合高溫濕熱氣候：算是改良版水泥塗料，用有透氣與伸縮彈性。 3. 質感光滑如石材：用抹刀施作可使淤泥嵌入底材隙縫，營造光滑觸感，有水泥花崗石別稱。
缺點	顏色會隨底材而有顯色差異，建議先經試色再大面積使用。

Q291.

連結兩層的室內梯走起來不是很穩固,如果要更換新的樓梯,施工時應注意哪些環節?

監工驗收

檢查骨架是否確實固定

樓梯穩固的主要支撐,來自於樓梯的骨架—龍骨,裝設樓梯龍骨的時候,地面鎖進雙牙螺絲,將龍骨下端置入,接著側邊也要開洞鎖螺絲,並掌握「固定兩點」的原則與牆面接合,最後龍骨板料上端鎖三支螺絲固定於轉折平台,才算是完成。

Q292.

臨時改變櫃體尺寸,搭配的玻璃可以重新切割成適合大小嗎?

監工驗收

事前做好尺寸、開孔位置確認

這是沒辦法的。因為基於安全考量,居家裝潢所使用的玻璃普遍都是強化玻璃,玻璃一

旦經過強化處理之後,就無法再重新切割,所以在玻璃強化工序之前,一定要確認設計尺寸,若還有開孔位置也務必要確認位置進行洗孔,否則將會影響施工進度。

玻璃如果遇到有插座開孔需事先在工廠預切。

必懂材質 KNOW HOW

強化玻璃為玻璃經過加熱、急速冷卻之後增加強度的方式,萬一當玻璃破碎時會呈現鈍角顆粒或是塊狀,較不易使人受傷。

Q293.

喜歡簡潔俐落的金屬梯，但家中有小朋友，結構會不會不安全？

工法須知

結構銜接處需滿焊，植筋過程務必謹慎

線條簡單的金屬梯，也稱之為懸臂式樓梯，最關鍵的施工步驟就是必須在牆面植筋，植筋的過程當中，除了在RC牆面鑽孔要注意孔的太小、深度和位置之外，接著就是進行清孔和灌注植筋膠，要留意的是，植筋膠的第一注和最後一注最容易發生失敗，待灌注完成之後再將鋼筋轉入，最後徒手拉拉看每根植上的鋼筋是否有牢固。

最重要的鋼筋骨架完成，也裝設好踏板及斜撐，需要承重的結構或是鐵板銜接鐵管的地方，就必須滿焊，避免銜接處日後發生裂開的情形。

圖片提供©力口建築

金屬梯搭配燈箱式踏階設計，加強梯間照明。

 其他工程施工要注意

 金屬梯的龍骨和樓板間的結合點務必鎖合固定，可減少晃動與鬆脫的狀況，樓梯本身的鋼材厚度建議至少要有5mm以上，也可以根據載重增加厚度。

Q294.

壁紙塗好黏著劑就要趕快貼上，免得影響黏著性？

塗好黏著劑的壁紙建議應等待讓紙張吸收再貼。

工法須知

靜置3分鐘再貼上壁紙

攝影◎Amily 設計◎宜業木茂設計有限公司 施工◎楹琳傢飾

裁切好的壁紙會在背面和牆面，以滾筒刷或毛刷沾取黏著劑，刷飾黏著劑的關鍵在於要均勻，且塗好黏著劑的壁紙不要急著馬上貼到牆面，而是需靜置約3分鐘左右，讓紙張充分吸收黏著劑之後，才會比較好施作。

！ 其他工程施作要注意

塗覆黏著劑要均勻，因此建議不要使用小刷子，也不要貪快沾取過多膠水，否則可能產生溢膠現象。

Q295.

住家要重建樓梯，要怎麼計算踏階數量與深度？

工法須知

簡易公式算出約略踏數

可利用「樓高÷單階高度=總踏數」、「樓梯間長度÷總踏數=踏階深度」算出約略數字作參考。此外要注意的是，風水有此一說：奇數為陽，雙數為陰，故陽宅樓梯要為奇數。

！ 其他工程施工要注意

若是樓梯間長度有限，導致踏階深度不足，此時可讓踏階之間部分重疊，爭取踏階的深度。建議踏階高度通常為16～18公分，深度為25～30公分，會較符合人體工學。

Q296.

為什麼樓梯做好之後，上下走動時老是有聲響？是施工品質不良嗎？

工法須知

踏板結合上膠、螺絲雙步驟

　　樓梯走起來有聲響多半是因為踏板的關係，裝設踏板時，與骨架的接合面不但要塗上白膠黏合，還要確實使用足夠長度的螺絲旋緊固定，而非使用釘槍，否則時間久了很容易產生間隙鬆動，只要注意上述環節，樓梯走起來就會紮實。

 其他工程施工要注意

中間樓梯踏板與牆面可以再多鎖一支螺絲加強固定，當前中後有足夠的穩固度，走起來就不易有聲響。

Q297.

樓梯扶手才剛安裝好，怎麼就經常會搖晃？

監工驗收

選用雙牙螺絲，欄杆底部上膠加強密合度

　　有可能是安裝扶手時沒有確實，踏面必須開洞植筋或鎖雙牙螺絲，雙牙螺絲強度比較好，不過工時和材料費用也相對比較高，接著欄杆底部孔洞要上膠插入雙牙螺絲，上膠的用意在於增加接合密度，扶手的斷點和轉折的地方，也要用螺絲鎖緊密接，如此一來，扶手才不會容易鬆脫。

 其他工程施工要注意

欄杆、扶手建議不要小於6公分，過細可能導致接合處過淺容易鬆脫。

Q298.

常見的烤漆玻璃都偏綠，有純白的烤漆玻璃嗎？想要增加磁鐵吸附功能該怎麼作？

材質選用

超白玻璃夾鐵板

　　烤漆玻璃偏綠是因為玻璃結晶會產生綠色變色，如果不喜歡的話，可以在玻璃後方覆蓋適當的顏色調整色偏，或者是直接選用超白玻璃，沒有一般玻璃的綠色變色，不過相對來說價格也較為昂貴。此外，利用烤漆玻璃作為白板，可在中間夾入鐵板或是塗上磁性漆，就能具備磁鐵功能，不過這樣的吸力強度較差，也不適合吸附過重的物品。

圖片提供©演拓空間室內設計

若想要白板有吸鐵功能，可以在白板中間夾鐵板或上磁性漆

Q299.

壁紙貼好之後，為什麼接縫處看起來都黑黑的、也感覺沒有平整？

工法須知

壁紙的交接處要用滾輪把多餘空氣擠出。

滾輪壓實，清除多餘黏著劑

壁紙貼好之後最後一個步驟－修邊與清潔也千萬不可馬虎，主要將施工時預留的紙頭、紙尾和對花重疊的部分切除，兩張壁紙的交接處應利用滾輪壓實貼合，藉此擠壓出多餘的空氣，讓壁紙更為平整貼合牆面，同時仔細壓平牆面，若邊緣或是接縫處有溢出的黏著劑，務必要以海綿沾水確實擦拭乾淨，否則很容易造成髒污、不平整。

攝影©Amily 設計©宮采木苑設計有限公司 施工©樹琳傢飾

Q300.

壁紙貼完才三個月居然就爆開脫落？是師傅偷工嗎？

監工驗收

壁紙張貼時要隨時以刮板由中間向外側拭平。

刮板壓平，邊角以白膠加強

貼壁紙最怕日後發生脫落的狀況，張貼時應隨時利用刮板由中間向外側壓平，擠出氣泡或多餘的黏著劑，依序的第二張、第三張壁紙則是要對準垂直基準線，再以刮板拭平，如此就能讓壁紙平坦貼覆在牆面。此外，接縫處或邊緣也能以白膠塗抹在邊角上，可使壁紙與牆面的接合更為牢固。

攝影©Amily 設計©宮采木苑設計有限公司 施工©樹琳傢飾

本書諮詢專家

今硯室內設計
台北市南港區南港路二段202號1 樓
 02-2783-6128

演拓空間室內設計
台北市松山區八德路四段72巷10弄2號
02-2766-2589

十一日晴空間設計
台北市文山區木新路二段161巷24弄6號

森境&王俊宏室內修設計
台北市中正區信義路二段247號
02-2391-6888

大見室所
台中市西區五權路1-136號2樓
04 -2372-0370

日作空間設計
桃園市中壢區龍岡路二段409號1F
03-2841606

摩登雅舍室內裝修設計
台北市文山區忠順街二段85巷29號
02-2234-7886

禾光室內裝修設計
台北市信義區松信路216號
02-2745-5186

相即設計
台北市信義區松德路6號4樓
02-2725-1701

實適空間設計
sinsp.design@gmail.com

力口建築
台北市大安區復興南路二段197號3樓
02-2705-9983

交泰興
台北市中正區仁愛路二段11號3樓
02-2394-6060

大湖森林設計
台北市內湖區康寧路三段56巷200號
02-2633-2700

宏星益康珪藻土
台北市中山區松江路328號6樓600室
02-2542-9191

采金房室內設計
台北市中山區民生東路2段26號1樓
02-2536-2256

台灣富洛克
台北市中正區金山南路一段1號1樓
02- 2397-1133

金永貿企業有限公司
新北市林口區民族路157號
02-2608-7171

朋柏實業有限公司
台北市大安區敦化南路二段100號
 02-2704-7217

Solution 157

施工疑難全解指南 300QA【暢銷典藏改版】：
一定要懂的基礎工法、監工驗收，
照著做不出錯，裝潢好安心！

作　　　者｜i 室設圈｜漂亮家居編輯部
責任編輯｜許嘉芬
文字編輯｜黃婉貞
封面設計｜莊佳芳
美術編輯｜鄭若誼、莊佳芳

發　行　人｜何飛鵬
總　經　理｜李淑霞
社　　　長｜林孟葦
總　編　輯｜張麗寶
內容總監｜楊宜倩
叢書主編｜許嘉芬

出　　　版｜城邦文化事業股份有限公司 麥浩斯出版
地　　　址｜104 台北市中山區民生東路二段 141 號 8 樓
電　　　話｜（02）2500-7578
傳　　　真｜（02）2500-1916
E-mail｜cs@myhomelife.com.tw

發　　　行｜英屬蓋曼群島商家庭傳媒股份有限公司城邦分公司
地　　　址｜104 台北市民生東路二段 141 號 2 樓
讀者服務電話｜02-2500-7397；0800-033-866
讀者服務傳真｜02-2578-9337
訂購專線｜0800-020-299（週一至週五上午 09:30 ～ 12:00；下午 13:30 ～ 17:00）
劃撥帳號｜1983-3516
劃撥戶名｜英屬蓋曼群島商家庭傳媒股份有限公司城邦分公司

香港發行｜城邦（香港）出版集團有限公司
地　　　址｜香港九龍九龍城土瓜灣道 86 號順聯工業大廈 6 樓 A 室
電　　　話｜852-2508-6231
傳　　　真｜852-2578-9337
電子信箱｜hkcite@biznetvigator.com

馬新發行｜城邦〈馬新〉出版集團 Cite（M）Sdn.Bhd.（458372U）
地　　　址｜11,Jalan 30D ／ 146, Desa Tasik, Sungai Besi,
　　　　　　57000 Kuala Lumpur, Malaysia.
電　　　話｜603-9056-3833
傳　　　真｜603-9056-2833

總　經　銷｜聯合發行股份有限公司
電　　　話｜02-2917-8022
傳　　　真｜02-2915-6275
製版印刷｜凱林彩印股份有限公司
版　　　次｜2023 年 12 月 3 版一刷
定　　　價｜新台幣 499 元

國家圖書館出版品預行編目（CIP）資料

施工疑難全解指南 300QA【暢銷典藏改
版】：一定要懂的基礎工法、監工驗收，
照著做不出錯，裝潢好安心！/i 室設圈｜
漂亮家居編輯部作 . -- 3 版 . -- 臺北市：城
邦文化事業股份有限公司麥浩斯出版：英
屬蓋曼群島商家庭傳媒股份有限公司城邦
分公司發行 , 2023.12
　面；　公分 . -- (Solution ; 157)
ISBN 978-626-7401-04-0(平裝)

1.CST: 房屋 2.CST: 建築物維修 3.CST: 家
庭佈置 4.CST: 室內設計

422.9　　　　　　　　　　　112020427